Faserforschung und Textiltechnik

Zeitschrift für Polymerforschung

Begründet von Erich Correns und Walter Frenzel

Herausgegeben von

Wolfgang Bobeth – Hermann Klare – Burkart Philipp Christian Ruscher

unter Mitwirkung von

E. Correns (Berlin) – H. Böhringer (Rudolstadt)

R. Barthel (Dresden) – V. Gröbe (Teltow) – A. Heger (Dresden) – G. Reinisch (Teltow) – G. Wiedemann (Dresden) – F. Winkler (Teltow) – H. Zimmermann (Teltow)

K.-H. Banke (Karl-Marx-Stadt) – H. Behrens (Merseburg) – W. Berger (Dresden) – H. Frommelt (Berlin) – H.-H. Hörhold (Jena) – K. Pestel (Karl-Marx-Stadt) – W. Sattler (Rudolstadt) – J. Ulbricht (Merseburg)

Schriftleiter: J. Brämer und I. Ruscher

Band 25

Herausgeber: Im Auftrage des Akademie-Verlages herausgegeben von Prof. Dr. Ing. habil. Wolfgang Bobeth, Institut für Technologie der Fasern der Akademie der Wissenschaften der Deutschen Demokratischen Republik, DDR-801 Dresden, Hohe Straße 6; Fernruf: Dresden 46580; Prof. Dr. Dr. h.c. Hermann Klare, Prof. Dr. habil. Burkart Philipp und Prof. Dr. habil. Christian Ruscher, Institut für Polymerenchemie der Akademie der Wissenschaften der Deutschen Demokratischen Republik, DDR-153 Teltow-Seehof; Fernruf: Teltow 4831; Telex-Nr. 15322.

Verlag: Akademie-Verlag, DDR-108 Berlin, Leipziger Straße 3–4; Fernruf: 2200441; Telex-Nr. 114420; Postscheckkonto: Berlin 35021. Bank: Staatsbank der DDR, Berlin, Kto-Nr.6836-26-20712.

Redaktion: Dr. sc. nat. Johannes Dechant, Chefredakteur, und Dipl.-Chem. Ingeborg Ruscher, Redakteur.

Anschrift der Redaktion: Institut für Polymerenchemie der Akademie der Wissenschaften der DDR, DDR-153 Teltow-Seehof, Kantstraße 55; Fernruf: Teltow 4831; Telex-Nr. 15322.

Veröffentlicht unter der Lizenznummer 1280 des Presseamtes beim Vorsitzenden des Ministerrates der Deutschen Demokratischen Republik.

Gesamtherstellung: VEB Druckhaus „Maxim Gorki", DDR-74 Altenburg.

Erscheinungsweise: Die Zeitschrift „Faserforschung und Textiltechnik / Zeitschrift für Polymerforschuug" erscheint monatlich. Die 12 Hefte eines Jahrganges bilden einen Band. Bezugspreis eines Bandes 180,– M zuzüglich Versandspesen (Preis für die DDR 108,– M). Preis je Heft 15,– M (Preis für die DDR 9,– M.) Bestellnummer dieses Bandes: 1014/25.

Bezugsmöglichkeiten der Zeitschrift „Faserforschung und Textiltechnik / Zeitschrift für Polymerforschung"

Bestellungen sind zu richten

– **in der DDR** an den Postzeitungsvertrieb, an eine Buchhandlung oder an den Akademie-Verlag, DDR-108 Berlin, Leipziger Straße 3–4
– **im sozialistischen Ausland** an eine Buchhandlung für fremdsprachige Literatur oder an den zuständigen Postzeitungsvertrieb
– **in der BRD und Westberlin** an eine Buchhandlung oder an die Auslieferungsstelle KUNST UND WISSEN, Erich Bieber, 7 Stuttgart 1, Wilhelmstraße 4–6
– **in Österreich** an den Globus-Buchvertrieb, 1201 Wien, Hochstädtplatz 3
– **im übrigen Ausland** an den Interantionalen Buch- und Zeitschriftenhandel; den Buchexport, Volkseigener Außenhandelsbetrieb der Deutschen Demokratischen Republik, DDR-701 Leipzig, Postfach 160, oder
– an den Akademie-Verlag, DDR-108 Berlin, Leipziger Straße 3–4

Inhaltsverzeichnis Jahrgang 25

Verfasserverzeichnis

(KM) Kurze Mitteilung

Sachverzeichnis

Faserforschung und Textiltechnik

Zeitschrift für Polymerforschung

Begründet von

Erich Correns und Walter Frenzel

Herausgegeben von

Wolfgang Bobeth · Hermann Klare

Burkart Philipp · Christian Ruscher

Schriftleiter

J. Brämer und I. Ruscher

AUS DEM INHALT

Akademie-Verlag
Berlin

1 · 1974

Faserforsch. u. Textiltechnik / Z. Polymerforsch.
25. Jahrg. · Heft 1 · Seiten 1—48 · Berlin, im Januar 1974
FSTXA 725 (10) 1—48 (1974)
Preis: 15,— M · Sonderpreis DDR: 9,— M

Faserforschung und Textiltechnik

Zeitschrift für Polymerforschung

Die Zeitschrift „Faserforschung und Textiltechnik/Z. f. Polymerforschung" erscheint monatlich in Heften zu 48 Textseiten im Format A 4. Der Preis für das Einzelheft beträgt M 15,— (Sonderpreis für DDR M 9,—), für den Vierteljahrbezug M 45,— (Sonderpreis für DDR M 27,—), zuzügl. Bestellgeld. Die Berechnung erfolgt zu Beginn eines Vierteljahrs für 3 Hefte. Falls keine Bezugsmöglichkeit durch eine Buchhandlung vorhanden ist, wenden Sie sich bitte in der Deutschen Demokratischen Republik an ein Postamt oder den Verlag, in den sozialistischen Ländern an den jeweiligen Postzeitungsvertrieb, in der Deutschen Bundesrepublik an die Auslieferungsstelle Kunst und Wissen, Erich Bieber, 7 Stuttgart 1, Wilhelmstraße 4–6, in allen übrigen Ländern an den internationalen Buch- und Zeitschriftenhandel oder den Buchexport, Volkseigener Außenhandelsbetrieb der Deutschen Demokratischen Republik, DDR - 701 Leipzig, Postschließfach 276, oder den Akademie-Verlag, DDR - 108 Berlin, Leipziger Str. 3–4 (Fernruf: 220441; Telex-Nr. 0112020; Postscheckkonto 35021). Bestellnummer dieses Heftes: 1014/25/1. Alleinige Anzeigenannahme DEWAG-WERBUNG, DDR - 1054 Berlin, Wilhelm-Pieck-Str. 49, und alle DEWAG-Betriebe in den Bezirksstädten der DDR.

Herausgeber und verantwortlich für den Inhalt: Prof. Dr.-Ing. habil. Wolfgang Bobeth, Institut für Technologie der Fasern der Akademie der Wissenschaften der DDR, 801 Dresden, Hohe Str. 6, Fernruf: 44721; Prof. Dr. Hermann Klare, Prof. Dr. habil. Burkart Philipp und Dr. habil. Christian Ruscher, Institut für Polymerenchemie der Akademie der Wissenschaften der DDR, 153 Teltow-Seehof, Fernruf: Teltow 4831. Schriftleiter: Joachim Brämer und Dipl.-Chem. Ingeborg Ruscher, 153 Teltow-Seehof, Kantstr. 55. Verlag: Akademie-Verlag, DDR - 108 Berlin, Leipziger Str. 3–4. Satz und Druck: VEB Druckhaus „Maxim Gorki", 74 Altenburg. — Veröffentlicht unter der Lizenznummer 1280 des Presseamtes beim Vorsitzenden des Ministerrates der Deutschen Demokratischen Republik. — Printed in the German Democratic Republic.

Band 25 • Januar 1974 • Heft 1

Mitteilung der Herausgeber

Faserforsch. u. Textiltechnik/Z. Polymerforsch. **25** (1974) 1, S. 1—2.

DK 677.06:001.891/.892:338:001.18

Bobeth, Wolfgang, und *Banke, Karl-Heinz*

Entwicklungstendenzen in der Textilindustrie

Faserforsch. u. Textiltechnik/Z. Polymerforsch. **25** (1974) 1, S. 3—10. 2 Abb., 3 Tab., 6 Lit.

Das Ziel der wissenschaftlich-technischen Arbeit der Textilindustrie und der Forschungseinrichtungen ist die zunehmende Befriedigung der jeweils vom Verwendungszweck abzuleitenden qualitativen und quantitativen Anforderungen an die textilen Erzeugnisse. Die weitgesteckten Ziele sind nur in enger Zusammenarbeit zwischen chemischer Industrie, Textilmaschinenbau und Textilindustrie zu erreichen, über die ein Überblick gegeben und Entwicklungstendenzen aufgestellt werden.

DK 678.01:661.728:541.64:543.25:532.7:541.182

Philipp, Burkart, und *Dautzenberg, Horst*

Elektrochemische Analysenmethoden in der Polymerforschung

Faserforsch. u. Textiltechnik/Z. Polymerforsch. **25** (1974) 1, S. 11—18. 6 Abb., 73 Lit.

Anhand von Beispielen, u. a. aus der Celluloseforschung, wird ein Überblick über die zur Zeit erkennbaren Einsatzmöglichkeiten elektrochemischer Meßmethoden in der Polymeranalytik gegeben, und zwar unter den Gesichtspunkten der elektrochemischen Analytik niedermolekularer Substanzen in Gegenwart von Polymeren, der Anwendung elektrochemischer Methoden zur Charakterisierung von Polymerketten in Lösung und der elektrochemischen Untersuchungen an dispersen Systemen.

DK 678.746.222-134.532:541.24.08:519.25:535.36:539.193

Dautzenberg, Herbert

Lichtstreuung an einem Acrylnitril/Styrol-Copolymeren

Faserforsch. u. Textiltechnik/Z. Polymerforsch. **25** (1974) 1, S. 19—23. 8 Abb., 2 Tab., 7 Lit.

An einem überwiegend alternierend aufgebauten Acrylnitril/Styrol-Copolymeren wurden zur Bestimmung der rel. Molekülmasse und der chemischen Uneinheitlichkeit Lichtstreuungsmessungen in vier verschiedenen Lösungsmitteln durchgeführt. Außerdem wurden in einem geeigneten Lösungsmittel/Fällungsmittel-Gemisch die ungestörten Dimensionen ermittelt.

DK 677.494.675:677.014.8:535.361.2:535.33/.34-15

Dechant, Johannes

Strukturuntersuchungen an Polyamidfäden mit der inneren Reflexsspektroskopie

Faserforsch. u. Textiltechnik/Z. Polymerforsch. **25** (1974) 1, S. 24—28. 9 Abb., 1 Tab., 14 Lit.

Die Grundlagen der inneren Reflexionsspektroskopie von anisotropen Proben werden beschrieben. Die Eindringtiefe der Strahlung in die Probe wurde experimentell bestimmt. An Polyamidfäden wurden der Ordnungsgrad und der Dichroismus in Abhängigkeit von der Eindringtiefe ermittelt, um Angaben über das Vorliegen einer Kern/Mantel-Struktur zu erhalten.

DK 677.494.745.32:677.021.12:677.017.2/.8

Dohrn, Waldemar

WOLPRYLA 65 — Herstellung und Sortiment

Faserforsch. u. Textiltechnik/Z. Polymerforsch. **25** (1974) 1, S. 28—33. 5 Abb., 2 Tab.

Anhand eines Überblickes über die Weltproduktion von Polyacrylnitril-Faserstoffen wird die führende Stellung des WOLPRYLA-65-Verfahrens nachgewiesen. Seine wichtigsten Verfahrensstufen und seine Vorteile werden erläutert. Über das umfangreiche Sortiment der Wolpryla-65-Faserstoffe und ihre textilphysikalischen, chemischen und Verarbeitungseigenschaften sowie die laufende Weiterentwicklung wird berichtet.

DK 677:061.3:061.62.6(430.2—73—21):"45—25"

Mally, Annerose

Wissenschaftliches Kolloquium anläßlich des fünfundzwanzigjährigen Bestehens des Instituts für Technologie der Fasern in Dresden der AdW der DDR

Faserforsch. u. Textiltechnik/Z. Polymerforsch. **25** (1974) 1, S. 33—35.

Neue Bücher S. 37—42.

Patentschau S. 42—45.

Literaturschau S. 45—48.

Mitteilung der Herausgeber

Ab Band 25 treten in der Herausgeberschaft sowie im Inhalt und der äußeren Gestaltung unserer Zeitschrift einige Änderungen ein, die wir unseren Lesern hiermit zur Kenntnis bringen.

Änderung der Herausgeberschaft

Nach mehr als zwanzigjähriger Tätigkeit als hauptverantwortlicher Herausgeber unserer Zeitschrift hat Herr Professor Dr. Dr. h. c. *Erich Correns* den Wunsch geäußert, diese Aufgabe in jüngere Hände zu übergeben. Gleichzeitig wird auch Herr Prof. Dr.-Ing. *Hans Böhringer* als Herausgeber ausscheiden. Beide Herren werden in Zukunft jedoch weiterhin beratend mitwirken.

Die Zeitschrift wird daher in Übereinstimmung mit der Akademie der Wissenschaften der DDR und dem Akademie-Verlag ab Band 25 herausgegeben von den Herren

Professor Dr.-Ing. habil. *Wolfgang Bobeth*

Ordentliches Mitglied der Akademie der Wissenschaften der DDR, Direktor des Instituts für Technologie der Fasern der Akademie der Wissenschaften der DDR in Dresden

Professor Dr. phil. *Hermann Klare*

Ordentliches Mitglied der Akademie der Wissenschaften der DDR, Präsident der Akademie der Wissenschaften der DDR

Prof. Dr. rer. nat. habil. *Burkart Philipp*

Ordentliches Mitglied der Akademie der Wissenschaften der DDR, Direktor des Instituts für Polymerenchemie der Akademie der Wissenschaften der DDR in Teltow

Dr. rer. nat. habil. *Christian Ruscher*

Leiter der Abteilung Polymerphysik des Instituts für Polymerenchemie der Akademie der Wissenschaften der DDR in Teltow.

Die Herausgeber werden bestrebt sein, die „Faserforschung und Textiltechnik" im Sinne ihrer Begründer als wissenschaftliche Zeitschrift weiterzuführen, die unter Wahrung eines hohen Niveaus der Verbindung zwischen Theorie und Praxis auf den von ihr behandelten Gebieten dient.

Herrn Professor Dr. Dr. h. c. *Erich Correns* sprechen wir im Namen aller Mitarbeiter und Leser unseren herzlichsten Dank aus. Er hat es mit bewundernswertem Geschick und Fingerspitzengefühl verstanden, das Niveau der Zeitschrift so zu gestalten, daß sie in der internationalen Fachwelt Anerkennung fand.

Ebenso gilt der Dank auch dem bisherigen Mitherausgeber, Herrn Professor Dr.-Ing. *Hans Böhringer*, für seine Mitarbeit bei der fachlichen Gestaltung unserer Zeitschrift.

Erweiterung des Titels und des Inhalts

Im Jahre 1950 wurde die „Faserforschung und Textiltechnik" von *Erich Correns* und *Walter Frenzel* als Veröffentlichungsorgan des Instituts für Faserstoff-Forschung und des Instituts für Technologie der Fasern der Deutschen Akademie der Wissenschaften zu Berlin gegründet mit dem Ziel, Arbeiten wissenschaftlichen und technischen Inhalts für die Faserstoff-Forschung sowie für die Chemiefaser- und Textilindustrie zu veröffentlichen. Die schnell zunehmende Bezieherzahl und die wachsende Beteiligung von Autoren aus der Industrie und aus dem Ausland ließen erkennen, daß das gesteckte Ziel bald erfolgreich verwirklicht werden konnte.

In den letzten Jahren hat sich der Inhalt der Veröffentlichungen zunehmend über die zunächst festgelegten Schwerpunkte „Faserstoff-Forschung und Textiltechnik" hinaus erweitert, da in steigendem Maße eine Integration der Chemiefaserstoff-Forschung und

-Entwicklung in das Gesamtgebiet der Polymerforschung erfolgte, wofür als Beispiele angeführt seien:

Grundlagenarbeiten zur Synthese, Technologie, Charakterisierung und Theorie der Eigenschaftsbildung von Faserstoffen haben nicht nur auf dem Faserstoffsektor selbst Bedeutung, sondern sie sind auch multivalent nutzbar für die Gebiete der Plaste, Elaste und Spezialpolymere.
Faserbildende Polymere finden nicht nur Anwendung in der Textilindustrie.
Im textilen Anwendungssektor werden in zunehmendem Maße nicht nur Faserstoffe als Ausgangsmaterialien verwendet, sondern auch verschiedene Arten von Flächengebilden.

Um dieser Entwicklung Rechnung zu tragen, haben wir uns entschlossen, die Erweiterung der Thematik auf das Gesamtgebiet der Polymeren auch im Titel unserer Zeitschrift zum Ausdruck zu bringen, indem wir sie künftig

Faserforschung und Textiltechnik
— Zeitschrift für Polymerforschung —

nennen. Wir werden in Zukunft theoretische und experimentelle Forschungsergebnisse aus

Chemie, Physikalischer Chemie, Physik sowie aus Teilgebieten der Werkstoffprüfung, Technologie und Applikation

von Polymeren unter Betonung der Faserstoffe veröffentlichen.

Neben Originalarbeiten und Kurzmitteilungen sollen auch Fortschrittsberichte aufgenommen werden, um jeweils zu speziellen Gebieten einen Überblick über den wissenschaftlichen und wissenschaftlich-technischen Stand zu vermitteln. Der laufenden Literaturinformation werden wie bisher die Abschnitte „Neue Bücher", „Patentschau" und „Literaturschau" dienen.

Berater-Gremium

Zur Unterstützung der Herausgeber ist ein Berater-Gremium gebildet worden, dem vorerst folgende Herren angehören:

Prof. Dr. phil. Dr. h. c. *Erich Correns*	Ordentliches Mitglied der Akademie der Wissenschaften der DDR, Berlin
Prof. Dr.-Ing. *Hans Böhringer*	Rudolstadt
Dr. sc. techn. *Rolf Barthel*	Institut für Technologie der Fasern in Dresden
Dr. rer. nat. habil. *Volker Gröbe*	Institut für Polymerenchemie in Teltow
Dr.-Ing. *Adolf Heger*	Institut für Technologie der Fasern in Dresden
Prof. Dr. sc. nat. *Gerhard Reinisch*	Institut für Polymerenchemie in Teltow
Dr.-Ing. Dr. rer. oec. *Gottfried Wiedemann*	Institut für Technologie der Fasern in Dresden
Dr.-Ing. *Friedrich Winkler*	Institut für Polymerenchemie in Teltow
Dr. rer. nat. *Heinz Zimmermann*	Institut für Polymerenchemie in Teltow
Prof. Dr.-Ing. *Karl-Heinz Banke*	Forschungsinstitut für Textiltechnologie in Karl-Marx-Stadt
Prof. Dr. rer. nat. *Heinz Behrens*	Technische Hochschule für Chemie „Carl Schorlemmer" Leuna-Merseburg
Prof. Dr. rer. nat. habil. *Werner Berger*	Technische Universität Dresden
Prof. Dr. sc. nat. *Horst Frommelt*	Zentralinstitut für Organische Chemie in Berlin
Doz. Dr. rer. nat. habil. *Hans-Heinrich Hörhold*	Friedrich-Schiller-Universität Jena
Prof. Dr.-Ing. *Karl Pestel*	Technische Hochschule Karl-Marx-Stadt
Dr. rer. nat. *Wolfgang Sattler*	Chemiefaser-Kombinat „Wilhelm Pieck" Rudolstadt
Prof. Dr. rer. nat. habil. *Joachim Ulbricht*	Technische Hochschule für Chemie „Carl Schorlemmer" Leuna-Merseburg

Es ist vorgesehen, den Beraterkreis noch zu erweitern und besonders auch ausländische Fachkollegen zur Mitarbeit zu gewinnen.

Wolfgang Bobeth **Hermann Klare**
Burkart Philipp **Christian Ruscher**

Faserforschung und Textiltechnik 25 (1974) Heft 1
Zeitschrift für Polymerforschung

Entwicklungstendenzen in der Textilindustrie[1])

Wolfgang Bobeth) und Karl-Heinz Banke**)*

*) *Institut für Technologie der Fasern der AdW der DDR in Dresden*

**) *Forschungsinstitut für Textiltechnologie in Karl-Marx-Stadt*

DK 677.06:001.891/.892:338:001.18

Das Ziel der wissenschaftlich-technischen Arbeit der Textilindustrie und der Forschungseinrichtungen ist die zunehmende Befriedigung der jeweils vom Verwendungszweck abzuleitenden qualitativen und quantitativen Anforderungen an die textilen Erzeugnisse. Die weitgesteckten Ziele sind nur in enger Zusammenarbeit zwischen chemischer Industrie, Textilmaschinenbau und Textilindustrie zu erreichen, über die ein Überblick gegeben wird und Entwicklungstendenzen aufgestellt werden.

Тенденции развития текстильной промышленности

Целью научно-технических работ в текстильной промышленности и ее исследовательских учреждениях является улучшение удовлетворения качественных и количественных требований к текстильным изделиям в зависимости от их предназначения. Эти далеко идущие цели могут быть достигнуты лишь в тесном сотрудничестве между химической промышленностью, текстильным машиностроением и текстильной промышленностью. В статье рассматривается состояние этого сотрудничества в данный момент и показываются тенденции его развития.

Trends in the Development of the Textile Industry

The aim of scientific and technological activities in textile industry and research is to meet the quantitative and qualitative requirements arising in the end use of textiles. This comprehensive aim can be achieved only by close cooperation of chemical industry, textile industry and textile machine engineering, the present situation and future trends of which are surveyed.

Vorbemerkungen

Der steigende Bedarf an Konsumgütern hat in zunehmendem Maße auch Forschungs- und Entwicklungsarbeiten auf dem Gebiet der Herstellung und Verarbeitung von Chemiefaserstoffen hervorgerufen, die den technologischen Gesamtprozeß der Produktion textiler Erzeugnisse gegenwärtig beträchtlich beeinflussen. Die dabei erzielten Fortschritte sind wesentliche Voraussetzung für den Inhalt und das Tempo der wissenschaftlich-technischen Entwicklung in der Textilindustrie und stehen deshalb immer wieder im Mittelpunkt analytischer und vorausschauender Betrachtungen [1, 2, 3, 4].

Es ist unser aller Bestreben, daß der wissenschaftlich-technische Fortschritt in der Textilindustrie seinen höchstmöglichen Effekt in der schnellen Verwirklichung insbesondere von Vorhaben der Rationalisierung sowie in der immer besseren Befriedigung des qualitativen und quantitativen Textilien-Bedarfs der Gesellschaft im allgemeinen und des Menschen im besonderen findet. In der Deutschen Demokratischen Republik ist das Inhalt der vom VIII. Parteitag der SED gestellten Aufgaben.

Die in diesem Zusammenhang zu bewältigenden wissenschaftlich-technischen Arbeiten sind vielschichtig und kompliziert. Von den Textiltechnologen sind diese allein nicht zu lösen. Sie erfordern eine zielstrebige Zusammenarbeit verschiedener Wissenschaftsgebiete sowie eine ständige gegenseitige Aktivierung auf dem Gebiet der Forschung und Entwicklung in und außerhalb der Textilindustrie, der Chemiefaserstoffindustrie und des Textilmaschinenbaues. Die Erfahrung hat gelehrt, daß die weltweit angestrebte Beschleunigung der wissenschaftlich-technischen Entwicklung in der Textilindustrie um so besser beherrscht wird, je intensiver und je lückenloser diese Zusammenarbeit erfolgt.

1. Wandlung des textilen Faserstoffaufkommens

Seit 4 bis 5 Jahrzehnten vollzieht sich ein Strukturwandel im textilen Faserstoffaufkommen zugunsten der Chemiefaserstoffe. Der Zeitpunkt ist bekanntlich nicht mehr fern, zu dem der Anteil des für die weltweite Herstellung von Kleidungs-, Haushalt-, Heim- und technischen Textilien benötigten Faserstoff-Fonds sich zu 50% aus synthetischen Faserstoffen zusammensetzen wird. Annähernd zu gleichen Teilen werden daran einerseits die Synthesefasern und andererseits die Syntheseseiden beteiligt sein. Es besteht heute kein Zweifel mehr, daß die für die textile Verarbeitung nun schon klassischen Polyamid-, Polyester- und Polyacrylnitrilfaserstoffe auch in der Zukunft dominieren werden — allerdings mit sich zugunsten der Polyesterfaserstoffe veränderndem Anteil am Gesamtaufkommen an Synthesefaserstoffen mit weiter verbesserten Gebrauchseigenschaften und in einer Sortimentsbreite, die dem künftigen Verwendungszweck der Faserstoffe noch besser Rechnung trägt. Andere Faserstoffe aus organischen oder anorganischen Polymeren, wie z. B. Polypropylen-Faserstoffe und Glasseide, werden die genannten Hauptgruppen in ihrer umfassenden Bedeutung in absehbarer Zeit nicht erreichen. Cellulose-Regeneratfaserstoffe hatten in den letzten Jahren bezüglich des Anteils an der Gesamtchemiefaserproduktion weltweit und auch im Bereich des RGW eine rückläufige Tendenz. Sofern kein weiterer Entwicklungssprung in den Gebrauchseigenschaften dieser Faserstoffe erreicht wird, ist kaum damit zu rechnen, daß Cellulose-Regeneratfaserstoffe in der Zukunft in größerem Umfang als bisher produziert werden.

Um die auf dem Gebiet der Herstellung von Chemiefaserstoffen erzielten qualitativen Fortschritte und deren unmittelbare Auswirkungen in der Textilindustrie einschätzen zu können, muß man davon ausgehen, daß sich der Verbrauch an textilen Faserstoffen aus

etwa 50% für Bekleidungserzeugnisse,
,, 25% für Haushalt- und Heimtextilien,
,, 25% für technische Textilien

[1]) Vorgetragen von *W. Bobeth* auf dem Wissenschaftlichen Kongreß „Technologie der Herstellung und Verarbeitung von Chemiefaserstoffen" anläßlich der Leipziger Herbstmesse am 5. 9. 1973.

zusammensetzt und die Gesamtheit der die textilen Erzeugnisse kennzeichnenden Gebrauchseigenschaften sich heute im wesentlichen auf folgende Merkmalsgruppen beziehen:

Haltbarkeit (möglichst dem Einsatz angepaßt),
Trage- bzw. Repräsentationsverhalten,
Pflegeverhalten,
hygienische Eignung.

Es ist unbestritten, daß in den letzten Jahren international ein wesentlicher Fortschritt in den Eigenschaftsverbesserungen vor allem an den synthetischen Faserstoffen durch chemische und physikalische Modifizierungen erreicht wurde. Bemerkenswert ist auch die Erhöhung des Zuverlässigkeitsgrades in der Beherrschung des technologischen Gesamtprozesses der Chemiefaserstoffherstellung. Das kommt zum Beispiel der breiten Variabilität der synthetischen Faserstoffe hinsichtlich Feinheit, Festigkeit, Dehnung, Schrumpfvermögen und zahlreichen anderen Eigenschaften zugute.

In der Textilindustrie konnten mit den immer besser auf den künftigen Verwendungszweck zugeschnittenen synthetischen Faserstoffen auch immer mehr Erzeugnisse 100%ig aus Synthesefaserstoffen hergestellt werden. Das betrifft insbesondere Sortimente der technischen Textilien sowie der Heimtextilien.

Bei vielen *technischen Textilien* spielen bekanntlich ausreichende und zugleich beständige Festigkeit sowie einsatzgerechte Dehnung eine entscheidende Rolle. Es ist heute bereits selbstverständlich, diese und noch andere benötigte Eigenschaften den synthetischen Faserstoffen so gezielt zu erteilen, daß man im Falle der technischen Textilien von „Faserstoffen nach Maß" sprechen kann, womit sie die Naturfaserstoffe weit hinter sich lassen. Produkte wie Fördergurte, Filterstoffe, Preßfilze, luftgetragene Hallen vielfältiger Art, Seile, Netze, Reifencorde, Nähzwirne werden dadurch in qualitativer Hinsicht wesentlich besser oder überhaupt erst sinnvoll einsetzbar [5].

Unter den Gesichtspunkten einer zielgerichteten Konstruktion der Erzeugnisse, insbesondere im Zusammenhang mit der Herstellung von Schichtstoffen aus Flächengebilde/Plast-Kombinationen, bieten sich für die Zukunft noch vielfältige Möglichkeiten der Nutzung der hochqualitativen Eigenschaften der Synthesefaserstoffe für den Einsatz im Bereich der technischen Textilien (Tabelle 1) an.

Im Bereich der *Heimtextilien* werden die gegenüber Naturfaserstoffen bessere Verschleißfestigkeit, Pflegeleichtigkeit und Repräsentationsgüte der synthetischen Faserstoffe seit langem genutzt. Insbesondere der Gardinen- und Teppichsektor konnte durch die Einführung der Reinverarbeitung von synthetischen Faserstoffen qualitative und quantitative Verbraucherforderungen immer besser erfüllen, die mit Naturfaserstoffen nicht erreichbar wären. Hinzu kommt die Bedarfsexplosion auf dem Gebiet der Bodenbelagstoffe, die zur Entwicklung einer großen Palette unterschiedlichster Bodenbelagstoffe führte. Dabei kam es sogar zur Schaffung von Konstruktionselementen für die unmittelbare Nutzung im Bauwesen.

Nicht so unproblematisch wie bei den Heimtextilien und den technischen Textilien ist die 100%ige Nutzung

Tabelle 1. Verbraucher technischer Textilien

Grundstoffindustrie	Seile und Taue, Erzplanen, Verpackungssäcke, Förderbänder, Filterstoffe
Elektroindustrie	Kabelgarn und Kabelnessel
Chemische Industrie	Verpackungssäcke, Filterstoffe, Filze, Seilereierzeugnisse
Schiffbau und Schiffahrt	Segeltuche, Seilereierzeugnisse, Filze, Polstermaterial, Gewebe für Ausstattungszwecke, Rettungsflöße
Verkehrswesen	Polsterfüllmaterial, Polstergewebe, Schleif- und Polierscheiben, Schleif- und Polierwatten, Filze, verschiedene technische Gewebe (z. B. Waggondachdeckengewebe usw.)
Maschinenbau	Seilereierzeugnisse, Förderbänder, Treibriemen, Filze, Filterstoffe
Möbelindustrie	Polstergewebe, Polsterfüllmaterial, Matratzengewebe, Bauplatten
Lebensmittelindustrie	Fischereinetze, Gewebesäcke, Industriezwirne
Kunstlederindustrie	Nadelfilz-Grundware für Fußbodenbelag, Grundgewebe für Beschichtung und Kaschierung
Konfektionsindustrie	Vliesstoffe, gummierte Gewebe
Schuhindustrie	Schuhober- und Schuhfutterstoffe, Filze
Landwirtschaft	Gewebesäcke für Getreide, Saatgut, Kartoffeln usw. Arbeitskleidung, Planen, Saatschutznetze, Geflügelnetze, Erntebindefaden, Hochdruckpressenfaden
Verschiedene Einsatzgebiete	technische Gewebe u. Filterstoffe, Feuerwehrschläuche, Traglufthallen, Zelte, Faltboote, Schlauchboote

synthetischer Faserstoffe in den Sortimenten der *Bekleidungs-*, *Wäsche-* und *Haushalttextilien.* Trotz großer Bemühungen und gewisser Erfolge ist es bisher international noch nicht hinreichend gelungen, den synthetischen Faserstoffen derart komplexe Eigenschaften zu verleihen, daß eine Reinverarbeitung im umfassenderen Sinne gerechtfertigt erscheint. Es gibt zwar eine Reihe von Sortimenten — z. B. Kleider- und Blusenstoffe, Hemden, Obertrikotagen, Damenuntertrikotagen, Strümpfe —, die schon lange zu 100% aus synthetischen Faserstoffen hergestellt werden und seitens des Verbrauchers sehr gefragt sind, jedoch ist dem Fachmann hinreichend bekannt, daß einige durch den Faserstoff bedingte Eigenschaften dieser Produkte noch verbessert werden müssen. In den letzten Jahren wurden auch Sortimente der Kostümstoffe und Hosenanzüge in zunehmendem Maße 100%ig aus synthetischen Faserstoffen hergestellt. Auch wurde — insbesondere in der DDR — ein beachtlicher Fortschritt bzw. Durchbruch auf dem Gebiet der Herrenoberbekleidung erzielt; derartige Oberbekleidungsstoffe werden im Textilkombinat Cottbus zu 100% aus texturierter Polyesterseide auf Großrundstrickmaschinen hergestellt und unterliegen einer starken Nachfrage. Es gilt aber auch hier, daß die Qualitätsentwicklung noch keineswegs am Ende sein kann.

Tabelle 2. Anteil der Faserstoffe an den Hauptsortimenten textiler Erzeugnisse

	Naturfaserstoffe %	Synthesefaserstoffe %	Cellulose-Regeneratfaserstoffe %
Bekleidungstextilien	20···25	55···60	20
Heim- u. Haushalttextilien	20	55···60	20···25
Technische Textilien	20	40···45	35···40

Der 100%ige Einsatz von synthetischen Faserstoffen bleibt also trotz Bauschung durch die bekannten Texturier- und Hochschrumpfverfahren, trotz spezieller Modifizierungs- und Veredlungsverfahren, in bestimmten Sortimenten der Bekleidungstextilien vorerst noch relativ beschränkt. Das beruht bekanntlich auf der ungenügenden Feuchteaufnahme, aber auch auf der elektrostatischen Aufladung sowie dem ungünstigen Anschmutzungsverhalten der Erzeugnisse. Es kann aber eingeschätzt werden, daß in den kommenden Jahrzehnten diese Mängel weitgehend behoben sein werden. Dies ist auf Basis von modifizierten Faserstofftypen der Chemiefaserstoffwerke schon erkennbar, läßt sich aber voraussichtlich auch über permanent wirkende Veredlungsverfahren in der Textilindustrie an herkömmlichen Faserstofftypen erreichen. Damit wäre dann die Einsatzpalette für synthetische Faserstoffe kaum noch wesentlichen Beschränkungen aus der Sicht der Eigenschaften unterworfen.

Aus der gegenwärtigen Sicht der textilen Verarbeitung werden sich in den textilen Hauptsortimenten während der nächsten 20 Jahre hinsichtlich des Gesamtfaserstoffeinsatzes die in Tabelle 2 wiedergegebenen Anteile einstellen. Dabei ist zu beachten, daß die Foliefäden aus Polyolefinen hauptsächlich für technische Textilien und Trägerstoffe für Bodenbeläge Einsatz finden.

2. *Fasermischungen und Fadenkombinationen aus neuer Sicht*

Um die heutigen Grenzen der Einsatzgebiete synthetischer Faserstoffe, insbesondere für Heim-, Haushalt- und Bekleidungstextilien, zu erweitern, gibt es seit Jahren auch umfangreiche Entwicklungsarbeiten auf technologischem Gebiet. Sie dienen dem einheitlichen Ziel, die Gesamtheit der Gebrauchseigenschaften, d. h. die Eigenschaftskomplexe Haltbarkeit, Repräsentation, Pflege, Bekleidungshygiene sowie die modische Konstruktion und farbliche Gestaltung dieser Textilerzeugnisse, immer besser den gesellschaftlichen und individuellen Bedürfnissen anzupassen. Fasermischungen und Fadenkombinationen spielen hierbei eine hervorragende Rolle.

Die in der Vergangenheit bei der Herstellung und Verarbeitung von Fasermischungen gesammelten praktischen Erfahrungen sowie die vor allem in letzter Zeit gewonnenen technologischen Erkenntnisse bei der Herstellung und Verarbeitung von Fadenkombinationen enthalten folgende wichtige Ableitungen:

1. Fasermischungen sollten noch mehr als bisher den Anforderungen entsprechen, die sich aus dem künftigen Verwendungszweck der Erzeugnisse ableiten lassen. Normative für die Zusammensetzung von Fasermischungen lassen sich daher nicht einfach auf Empfehlung allgemeingültiger Mischungszusammensetzungen zurückführen. Der gezielte Einsatz von Fasermischungen erfordert vielmehr eine jeweils den zweckgerechten Gebrauchseigenschaften der Erzeugnisse entsprechende Palette von Mischungsvarianten, wobei es natürlich darauf ankommt, die Möglichkeiten des Einsatzes von Chemiefaserstoffen maximal auszuschöpfen und gewissermaßen „Fäden nach Maß" anzustreben.
2. Bezüglich des Mengenverhältnisses von Faser zu Seide zeichnet sich ab, daß in den nächsten 20 Jahren Fasern mit 60 bis 80% am Weltfaserstoffverbrauch beteiligt sein werden. Die weitere Entwicklung und Anwendung optimaler Fasermischungen erhält dadurch ein besonderes Gewicht. Heute dominieren noch Zweifasermischungen, in der Zukunft werden aber Drei- und Mehrfasermischungen weiter an Bedeutung gewinnen. Es ist hinreichend bekannt, daß die Repräsentationsgüte von Geweben und Gewirken aus derzeit handelsüblichen PE-F/Vi-F durch Zumischen einer dritten Faserkomponente (PVY-F, PA-F hohlprofil, Wo) belangvoll verbessert werden kann (z. B. Anzugstoffe aus 50% PE-F, 20% Vi-F, 30% Wo). Die hierbei speziell beim Färben auftretenden Probleme dürften mit der Weiterentwicklung der Chemiefaserstoffe, Farbstoffe, Hilfsmittel sowie der Verfahrenstechnik immer besser überwindbar sein.
3. Für die Herstellung und Verarbeitung von Faserstoffmischungen steht der Textilindustrie bereits eine große Palette an Faserstoffen — insbesondere auf Basis PVY und PE — zur Verfügung, denen durch chemische oder physikalische Modifizierung im Chemiefaserstoffherstellungsprozeß unterschiedliche Schrumpfeigenschaften in weiten Grenzen verliehen werden können. Als zusätzliche Mischungskomponente bieten derartige Fasern die Möglichkeit, sowohl Faden- wie auch Faserverbundstoffen bessere Gebrauchseigenschaften zu verleihen. Ohne Zweifel wird sich die weitere Erzeugnis- und Verfahrensentwicklung in der Textilindustrie darauf konzentrieren, auf diesem Gebiet weitere Fortschritte zu erreichen. Das gilt auch für die Anwendung verschiedenartiger Bindefasern mit Bikomponentenaufbau.
4. Hochproduktive Verfahren zur Herstellung von Fadenverbundstoffen, wie Wirken, Stricken, Nähwirken, stellen an die Gleichmäßigkeit und Festigkeit der zur Verarbeitung kommenden Garne hohe Anforderungen, die oft nur mit hohen Aufwendungen oder gar nicht realisierbar sind. Der Einsatz synthetischer Glattseiden bzw. texturierter Seiden wiederum erfüllt bei einer Reihe von textilen Erzeugnissen bestimmte bekleidungsphysiologische und repräsentative Anforderungen nicht, die mit Fäden aus Naturfaserstoffen erzielbar sind. Durch die Kombination synthetischer Glattseiden bzw. texturierter Seiden mit Fäden aus nativen bzw. regenerierten Faserstoffen ergibt sich aber die Möglichkeit, auch

Tabelle 3. Beispiele für Einsatzmöglichkeiten von Texturseiden in der Wirkerei/Strickerei zur Kombinierung

Maschine	Flachstrick	Großrund-strick			Flachkulier	Kettenwirk
Kombinierte Fadenarten	PA-S-t-sfb-pf + PVY-F-G	PE-S-tFDm + PVY-F-G	PA-S-t oder AZ-S-t	PA-S + PE-S-tFDm + PVY-F-G oder PE-F-G	PA-S-tSF + PA-S	PE-S-tFDm tieffärbend + PE-S-tFDm
Faden-feinheiten	10 tex 18 tex	16, 7, 11 tex 20,8; 18,5; 17,2 tex	8,4 tex 8,4 tex	16 tex 25 tex	7,8 tex 15,6 tex	16,0 tex ×2 16,7 tex ×2
Maschinen-feinheiten	3···5 E	16···24 E	12···21 E	18 E		
Einsatz-gebiet(e)	Modische Strickober-bekleidung	Damen-bekleidung	Ober-bekleidung	Damen- und Herren-ober-bekleidung	Oberbekleidung Fully fashioned, Socken, Strümpfe	Damen- u. Herren-oberbekleidung

mit den hochproduktiven Flächenbildungsverfahren, wie Wirken, Stricken, Nähwirken, textile Erzeugnisse mit guten Haltbarkeits-, Pflege- und bekleidungsphysiologischen Eigenschaften herzustellen. Derartige Kombinationsfäden gewinnen daher zunehmend an Bedeutung.

Fadenkombinationen bzw. Fadenmischungen (Seide/Seide, Seide/Faserband, Seide/Garn, Seide/Zwirn, Zwirn/Zwirn) können auf verschiedene Weise erzeugt werden [6], und zwar

a) während des Prozesses der Fadenherstellung durch Elementarfadenmischung, Umspinnen, Umwinden, Umnähen, Fachen und Zwirnen als Zwei- oder Mehrfachfäden, und
b) während des Prozesses der Flächengebildeherstellung an Flachstrick-, Großrundstrick, Flachkulier-, Kettenwirk- und Nähwirkmaschinen vorwiegend als Zweifachfäden.

Ökonomisch besonders interessant sind Fadenkombinationen, die unter Umgehung des Zwirnprozesses herstellbar sind. Im Vordergrund stehen dabei kombinierte Texturfäden (Tabelle 3). Darunter sind Fäden aus mindestens zwei verschiedenartigen Fadenkomponenten mit physikalisch unterschiedlichem Verhalten zu verstehen, die auf beliebige Weise miteinander kombiniert sind und von denen mindestens eine Komponente einen Textureffekt besitzt oder im Faden einen solchen erzeugt. Wie Bild 1 zeigt, sind hinsichtlich des Fadenaufbaus zu unterscheiden:

Kernmantel-Texturfäden,
kombinierte Zwirntexturfäden,
Mischtexturfäden.

Die aus der Vielzahl möglicher Fadenkombinationen zu treffende Auswahl für einen vorbestimmten Verwendungszweck eröffnet ein bislang bei weitem nicht erschlossenes Feld wissenschaftlich-technischer Tätigkeit, erfordert die komplexe Behandlung von Faser- und Seideneigenschaften, von Fasermischungen und Fadenkombinationen aus neuer Sicht, um letzten Endes auch hier zum „Faden nach Maß“ zu gelangen.

3. *Substitution herkömmlicher Faden- und Flächengebildeherstellungsverfahren*

Der steigende Bedarf an Textilien hat in den letzten Jahrzehnten zahlreiche Aktivitäten ausgelöst mit dem Ziel, die klassischen Konzeptionen zur Herstellung von

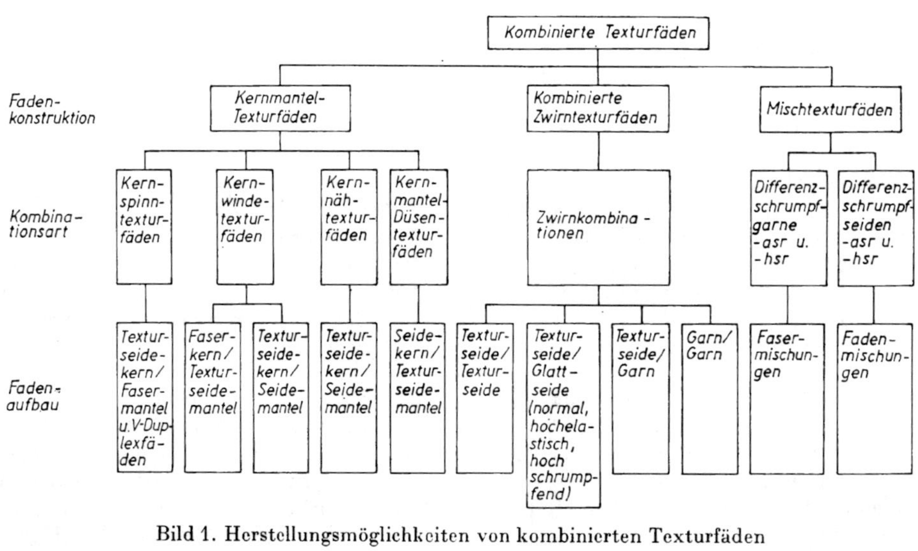

Bild 1. Herstellungsmöglichkeiten von kombinierten Texturfäden

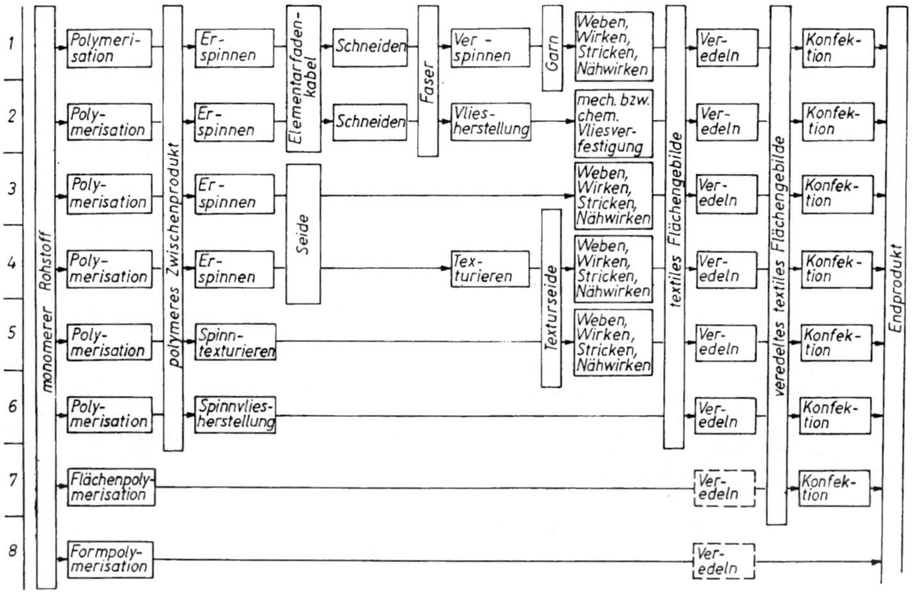

Bild 2. Überblick über mögliche Prozeßstufeneinsparung bei der Herstellung von Textilerzeugnissen aus synthetischen Monomeren

Fäden und Flächengebilden zu durchbrechen. Zweifellos ist dies teilweise gelungen und trug dazu bei, daß heute wesentlich produktiver Textilien erzeugt werden können als noch vor wenigen Jahren. Aus der Sicht der Prozeßstufeneinsparung und der Nutzung der Chemiefaserstoffe bzw. deren Rohstoffe ist dieser Trend in Bild 2 dargestellt. Die Stufen 1 bis 6 sind bereits Realitäten. Die Stufen 7 und 8 erscheinen hinsichtlich ihrer textilgerechten Realisierung noch zweifelhaft. Es ist sicher möglich, früher oder später direkt aus Monomeren flächen- oder formpolymerisierte Fertigerzeugnisse zu erhalten, was z. B. *Krauch* und *Sanner* (DAP 69213) zeigten; jedoch dürfte bei solchen Verfahren die Erzeugung des vom Verbraucher gewünschten textilen Charakters mit großen Problemen verbunden sein.

Bei allen derartigen Bestrebungen ist entscheidend, daß nicht das Verfahren das Produkt bestimmt, sondern daß das vom Verbraucher gewünschte Produkt der Verfahrensentwicklung zugrunde gelegt wird. Wo diese Forderung nicht eingehalten wird, müssen dann zu einem späteren Zeitpunkt zeit- und kostenaufwendig neue Einsatzgebiete gesucht werden. Meist finden sich dann im Bereich der Dekorationsstoffe, technischen Textilien und des Bauwesens noch Einsatzgebiete für das neue Produkt, doch ist der volkswirtschaftliche Effekt bei einem solchen Vorgehen nicht optimal.

Worum geht es in erster Linie bei der Substitution? Abgesehen von Fragen der Materialökonomie, Produktivität und Wirtschaftlichkeit neuer Verfahren geht es darum, dem Verbraucher für bestimmte Einsatzzwecke Produkte zu liefern, die gegenüber den bisher verwendeten zumindest gleichwertig sind.

Am meisten verbreitet ist auch heute noch unter den textilen Flächengebilden das *Gewebe.* Dieses durch Fadenverkreuzungen erhaltene Produkt hat sich über Jahrtausende bestens bewährt und wird zunächt auch weiterhin dominieren. Die guten Eigenschaften des Gewebes beruhen auf dessen einfacher Konstruktion, die bestmögliche Ausnutzung der Substanzfestigkeit, gute Lastaufnahme, günstige Flexibilität, hohe Haltbarkeit bzw. vorteilhaftes Scheuerverhalten, gute Formbeständigkeit u. a. gewährleistet, von den vielfältigen Fadenmusterungsmöglichkeiten ganz abgesehen. Zweifellos werden diese guten Eigenschaften beim jeweiligen Einsatz oft nur zum Teil genutzt. Damit handelt es sich beim Gewebe um ein Flächengebilde, das ausgesprochen vielseitig einsetzbar und in der Herstellung relativ aufwendig und teuer ist.

Mit der Substitution wird nun letzten Endes erreicht, daß die nach neuartigen Verfahren erzeugten Produkte zu „*Flächengebilden nach Maß*" tendieren, da deren Eigenschaften dem Verwendungszweck noch besser angepaßt sind, während nicht benötigte Eigenschaften weitgehend vernachlässigt werden. Das betrifft z. B. Maschenwaren wie auch Nähgewirke auf Basis Faden- oder Faserverbund. Im Falle der Maschenwaren wird die höhere elastische Verformbarkeit vor allem auf Kosten der Festigkeit und Scheuerbeständigkeit erreicht.

In einigen Fällen wird die oft nicht benötigte hohe Haltbarkeit bewußt vernachlässigt, so z. B. bei einigen Faservliesstoffen, die im Falle der Vliesvermaschung mit Hilfe der Nähwirktechnik sogar auf Fäden verzichten. Es ist eine interessante Aufgabe, die nach zahlreichen neuen Herstellungsverfahren erzeugten Produkte im Sinne der angedeuteten Tendenzen weiter kritisch zu analysieren. Dies entspricht auch den Bestrebungen der Materialökonomie, wonach ein Produkt mit Beendigung seiner Funktion auch hinsichtlich der Werkstoffeigenschaften möglichst „verbraucht" sein sollte. Das erfordert aber, daß der Eigenschaftsverfall nicht kontinuierlich, sondern im wesentlichen erst gegen Ende des Produkteinsatzes erfolgt. Günstige Voraussetzungen hierfür bietet sowohl für die

Fadenverbundstoffproduktion wie für die Faserverbundstoffproduktion die in der DDR entwickelte vielseitig einsetzbare Nähwirktechnik.

Es soll hier nicht auf Einzelbeispiele von Substitutionsverfahren eingegangen werden; dies bleibt weiteren Beiträgen dieser Veranstaltung vorbehalten. Wenn Textilmaschinenbauer, Faserstoff- bzw. Rohstoffproduzenten, Textiltechnologen sowie Fachexperten verschiedener Disziplinen optimal zusammenarbeiten, dann läßt sich voraussagen, daß hinreichend wirtschaftliche Substitutionsverfahren für vorgegebene Zielstellungen erreichbar sind.

Die Wünsche des Verbrauchers werden aber nach wie vor dann am schwierigsten zu erfüllen sein, wenn es sich um Bekleidungstextilien handelt; dies um so mehr, wenn synthetische Faserstoffe mit den bereits erwähnten Mängeln zum Einsatz kommen. Dem Verbraucher sind in den zurückliegenden Jahren viele interessante Waren aus synthetischen Faserstoffen angeboten worden, die viele Erwartungen erfüllten, andere aber vorerst noch offen ließen. So pendelt die Gunst des Käufers weltweit zwischen einigen klassischen Textilsortimenten und neuartigen hin und her, was natürlich vielschichtigen Einflüssen unterliegt. Bei manchen Sortimenten hat dieses Pendeln zweifellos aufgehört, aber es muß unser aller Bestreben sein, daß alle neuartigen Produkte — neuartig hinsichtlich Rohstoff und Herstellungsverfahren — ihren festen Platz im Warensortiment erhalten.

Dieses Pendeln des Verbrauchers hängt auch damit zusammen, daß die klassischen Faserstoffe sowie Faden- und Flächengebilde-Herstellungsverfahren den Kampf gegen die Substitutionskonkurrenz weltweit aufgenommen haben. Es ist beachtlich, welche Erfolge dabei erreicht wurden. Solange wesentliche Eigenschaften der Naturfaserstoffe nicht in den Chemiefaserstoffen wiederzufinden sind, wird insbesondere im Bekleidungssektor ein Verbraucherpendeln nicht zu vermeiden sein, worauf allerdings auch die jeweiligen preislichen Bedingungen Einfluß haben.

Es sei hier noch ein Wort zur Entwicklung der Gewebe gesagt. Diese werden zumindest im Bekleidungssektor nicht in dem Umfang zurückgedrängt, wie man noch vor einigen Jahren zu Gunsten der Maschen- und Vlieswaren prognostizierte. Dies hängt nicht zuletzt auch damit zusammen, daß sowohl die Garn- als auch Gewebeherstellungsverfahren Produktivitätssteigerungen aufweisen, die man vor einigen Jahren nicht für möglich gehalten hat.

Insgesamt gilt hinsichtlich der Substitution herkömmlicher Faden- und Flächengebildeherstellungsverfahren der unveränderte Grundsatz, daß zur Herstellung von textilen Erzeugnissen mit jeweils zweckbestimmten Gebrauchseigenschaften die Verfahren anzuwenden sind, mit denen der höchste volkswirtschaftliche Effekt zu erreichen ist.

4. *Fortschritte in der Veredlung textiler Flächengebilde*

Wenn wir davon ausgehen, daß der Gesamtprozeß der Textilveredlung in entscheidendem Maße zur Erhöhung der Repräsentationsgüte der Textilerzeugnisse, zur Erhöhung des Anteiles der Pflegeleichterzeugnisse und somit also zur Befriedigung wesentlicher Verbraucherbedürfnisse beiträgt, gebührt dem wissenschaftlich-technischen Fortschritt in der Veredlung auch in der Zukunft ein besonderes Augenmerk. Die Textilveredlung steht vor der Aufgabe, gemäß den jeweiligen modischen Ansprüchen auf möglichst flexible sowie rationelle Art und Weise mit den vielfältigen Problemen fertigzuwerden, die das Waschen, Färben, Drucken, Ausrüsten, insbesondere die Hochveredlung, mit sich bringen. Das gilt speziell unter den Gesichtspunkten

1. des zunehmenden Aufkommens neuer oder modifizierter bekannter Chemiefaserstoffe, des Einsatzes neuer oder weiterentwickelter Farbstoffe und Textilhilfsmittel;
2. der unterschiedlichen Anforderungen an die chemische und physikalisch-thermische Behandlung zur Oberflächengestaltung und Farbmusterung, speziell aber für die nach neuen hochproduktiven Verfahren hergestellten textilen Flächengebilde, wie Vliesgewirke, Vliesnähgewirke, Vliesstoffe, Elementarfadenverbundstoffe, Stoffe aus Folien und geschichteten Flächen;
3. der rationellen und zunehmend automatisierten Verfahrensgestaltung bei geringem Wasser- und Energieverbrauch sowie unter Berücksichtigung des Umweltschutzes.

Die hohen Erwartungen, die an den beschleunigten wissenschaftlich-technischen Fortschritt in der Veredlung textiler Flächengebilde geknüpft werden, erfordern eine besonders intensive und konzentrierte Zusammenarbeit zwischen Chemischer Industrie, Textilindustrie sowie den Auf- und Ausbau verstärkter personeller und materieller wissenschaftlich-technischer Potenzen zur komplexen Lösung der Aufgaben der Grundlagenforschung, der Verfahrens- und Erzeugnisentwicklung unter Beachtung der erforderlichen Dienstleistungen hinsichtlich Reparatur, Reinigung usw.

Auf dem Gebiet der Hoch- und Spezialveredlung liegt das Schwergewicht der gegenwärtigen Entwicklung auf der Steigerung der Gebrauchseigenschaften von textilen Flächengebilden aus Synthesefaserstoffen und deren Mischungen mit natürlichen Fasern. Insbesondere werden dabei permanente Veredlungseffekte angestrebt, wie hydrophob, hydrophil, antistatisch, antimikrobiell, schmutz- und ölabweisend, Soil-Release, desodorierend, flammenhemmend, weichmachend.

Trotz vieler Bemühungen gibt es auf dem Weltmarkt aber bislang entweder noch keine derartigen Hilfsmittel oder nur solche mit unbefriedigender Wirkung, bzw. besitzen diese nicht die geforderte Permanenz auf Synthesefaserstoffen. Das betrifft

eine wirksame pigmentschmutzabweisende Ausrüstung,
öl- und fleckabweisende Ausrüstungen mit fluororganischen Verbindungen für Spezialzwecke (Tischwäsche, Berufskleidung),
die Soil-Release-Ausrüstung einschließlich der Schmutz-Redeposition (Rückvergrauung),

so daß deren Wirksamkeit im praktischen Gebrauch umstritten ist. Für Synthesefaserstoffe sind ferner Produkte zur flammenhemmenden Ausrüstung vorhanden, jedoch mit sehr starker Griffversteifung und ohne genügende Permanenz. Ebenfalls besitzen antimikrobielle Ausrüstungen auf Synthesefaserstoffen keine Waschbeständigkeit. Insgesamt liegt also ein noch nicht befriedigender Stand der Hoch- und Spezialveredlung bei der Verarbeitung von Synthesefaserstoffen vor.

Die Erzielung der genannten permanenten Effekte auf dem Wege der Veredlung textiler Flächengebilde erweist sich als äußerst kompliziert. Es ist daher verständlich, daß international sehr stark daran gearbeitet wird, den Synthesefaserstoffen die gewünschten Eigenschaften bereits bei ihrer Herstellung zu verleihen. Besonders interessant sind dabei Mehrfacheffekte, wie z. B.: antistatisch/hydrophil/Soil-Release für PA-S-Untertrikotagen oder antischmutz/antistatisch/bakterizid für Bodenbeläge usw. Entwicklungsergebnisse, die international in größerem Maßstab in die Produktion eingeführt wurden und eine beträchtliche Situationsverbesserung erbrachten, sind aber auch hier bisher nicht bekanntgeworden. In absehbarer Zeit ist allerdings damit zu rechnen, daß sowohl Veredler als auch Faserproduzent auf diesem Gebiet Fortschritte erreichen. Dabei ist das Problem zu untersuchen, ob es ökonomischer ist, den synthetischen Faserstoffen die speziellen Eigenschaften bei der Herstellung oder erst am textilen Flächengebilde in der Veredlungsphase zu verleihen. Das Ergebnis solcher Untersuchungen wird je nach ökonomischen und wirtschaftlichen Verhältnissen unterschiedlich sein. Beim Faserstoffproduzenten kann die Vielzahl der dann gewünschten Faserstofftypen zu einer beträchtlichen Sortimentszersplitterung und damit zu unvertretbaren Aufwandserhöhungen führen, die den Faserstoffpreis für den textilen Verarbeiter in unannehmbare Höhe treibt.

Hinsichtlich der Verfahrensentwicklung auf den einzelnen Teilgebieten der Textilveredlung stehen folgende allgemeine Entwicklungstendenzen im Vordergrund:

a) Übergang von der diskontinuierlichen zur teilkontinuierlichen und zur vollkontinuierlichen Bearbeitung von Stoffbahnen bei wirtschaftlichen Losgrößen. Kurzzeittechnologien haben dabei besondere Bedeutung (z. B. Schockbleichverfahren, Schnellfärbeverfahren, Thermodruck usw.);
b) Aggregierung von Veredlungsoperationen (Prozeßintegration und gleichzeitige schrittweise Automatisierung). Hierbei geht es um die Erzielung mehrerer Veredlungseffekte im Einstufenverfahren und um die maximale Verkürzung der Kontinueprozesse durch Verkettung und Teilverkettung von Maschinen und Verfahren. Beispiele hierfür sind Einstufenverfahren für das Färben und Hochveredeln bzw. Bleichen/Färben oder bei der Lösungsmittelveredlung die Kombination Reinigen/Ausrüsten in Verbindung mit den entsprechenden Steuer- und Regelanlagen bis zur Anwendung der Prozeßrechentechnik;
c) Verkürzung der Reaktionszeiten durch den Einsatz von Hochtemperatur-Aggregaten oder neuer physikalisch-chemischer Prinzipien (Vakuumimprägnierung, Ultraschall usw.); zu letzterem gehört auch die Nutzung der Strahlentechnik, die bezüglich der Permanenz der erreichbaren Effekte bedeutsam ist;
d) Entwicklung wasser- und energiesparender Prozesse, z. B. der Lösungsmittelveredlung oder der Veredlung in der Gasphase. Die Behandlungsmedien Wasser, Heißluft und Heißdampf werden weiterhin im Einsatz bleiben. Für bestimmte Sortimente und Effekte sowie infolge der steigenden Kosten für die Frischwasserversorgung und Abwasseraufbereitung werden aber organische Lösungsmittel, insbesondere zum Reinigen und Ausrüsten, verstärkt zur Anwendung gelangen.

Bekanntlich sind — wie auch auf anderen Gebieten der textilen Verarbeitung und Fertigung — die sich auf dem Gebiet der Veredlung vollziehenden Verfahrensentwicklungen und die Anwendung moderner, vervollkommneter konventioneller, insbesondere aber der hochproduktiven, zunehmend automatisch ablaufenden neuen Verfahren mit einer beträchtlichen Erhöhung der Kosten je Arbeitsplatz verbunden. Es ist auch zu berücksichtigen, daß der Kostenanteil der Veredlung an den Gesamtfertigungskosten textiler Flächengebilde vor allem bei jenen Erzeugnissen ansteigt, die einer zusätzlichen Oberflächenbehandlung, Musterung u. a. bedürfen. Das betrifft z. B. chemisch und mechanisch verfestigte Faserverbundstoffe, Elementarfadenverbundstoffe usw. Insgesamt gesehen wirkt sich die Chemisierung der Textilindustrie ganz besonders erfolgreich in der Veredlung aus, und es sind diesbezüglich auch noch beträchtliche weitere Fortschritte zu erwarten.

5. *Konfektion*

Die industrielle Fertigung der Kleidung gewinnt bekanntlich immer mehr an Bedeutung. In fortgeschrittenen Industrieländern werden heute schon über 90% Fertigkleidung getragen, da die handwerkliche Fertigung immer mehr zurückgeht und mit z. B. 40 h/Anzug gegenüber weniger als 3 h/Anzug bei industrieller Fertigung ausgesprochen unökonomisch ist. Auch wird bei industrieller Fertigung ein günstigerer Stoffverbrauch (~2,65 m bei Herrenanzug) als beim handwerklichen Zuschnitt erzielt. Natürlich erfordert das ein optimales Größensystem für die Bevölkerung. Teilmaßkonfektion, wie sie z. B. in Japan gehandhabt wird, kann zur Überbrückung nicht ausreichender Größensysteme nützlich sein.

Neben den Problemen der Paßformen und Größen hat sich die Konfektionsindustrie immer zielgerichteter mit der Optimierung der Fertigungsverfahren, aber auch mit Fragen der Mode und Bekleidungsphysiologie zu befassen. Hinzu kommen Abstimmungsfragen z. B. im Rahmen des RGW, um hohe Losgrößen fertigen zu können, was eine internationale Vereinheitlichung der Bekleidungsgrößen und Schnittkonstruktionen erforderlich macht. Um laufend eine bessere Effektivität in der Konfektionsindustrie erreichen zu können, ist eine Erhöhung des Mechanisierungs- und Automatisierungsgrades bei verstärkter EDV-Nutzung unumgänglich. Es wird z. B. die Schnittübertragung mittels Prozeßrechnern direkt auf die Konfektionsmaschinen im Sinne von Trenn- und Fügeprozessen wesentliche Produktivitätsvorteile mit sich bringen. Noch immer wird dabei zur Viellagen-Trennung der Stoffbahnen nach optimalen Lösungen gesucht. Deshalb sollte die klassische Trenntechnologie unter Anwendung von

EDV-Anlagen automatisiert bzw. durch andere Technologien abgelöst werden, wie z. B. durch die Stanztechnologie, Laseranwendung, Nutzung hochkomprimierter Wasserstrahlen usw., die von Sortiment zu Sortiment unterschiedlich geeignet sein dürften. Aber man sucht auch nach neuen Verbindungsverfahren für die einzelnen Schnittstücke, wodurch die mittels der klassischen Nähtechnik in Verbindung mit automatisierten Fließlinien für große Losgrößen erreichten bemerkenswerten Fortschritte noch überboten werden sollen. Zur Diskussion standen bzw. stehen das Hochfrequenz- und das Ultraschallschweißen mit und ohne Hilfsstoffen, die Klebe- sowie Lasertechnik. Derartige Verfahren sind allerdings auf die Eigenschaften der jeweiligen Faserstoffe angewiesen, weshalb die Hochfrequenztechnik wegen der Abhängigkeit u. a. vom Verlustfaktor $\tan\delta$ ($\geqq 0{,}01$) nur sehr beschränkt (z. B. Polyamid, nicht aber Polyester) nutzbar ist. Das Laserstrahl- und das Ultraschallschweißen sind auf thermoplastische Faserstoffe beschränkt. In jedem Fall ist zu überprüfen, ob die Materialveränderungen in der geschweißten Naht nicht zu beträchtlichen Festigkeitsminderungen und/oder zu Versteifungen führen. Es darf aber nicht übersehen werden, daß die Nähtechnik nach wie vor an erster Stelle bei den Verbundtechnologien stehen wird; heutige Industrienähmaschinen weisen 7000 bis 8000 U/min auf.

Einen Fortschritt stellt heute das Formfixieren bzw. Tiefziehverfahren dar, bei dem sich die thermoplastischen Eigenschaften der synthetischen Faserstoffe zur dreidimensionalen Formung mittels Pressen nutzen lassen. Hinzu kommen die gleichzeitig ein- bzw. aufbügelbaren Einlagevliese oder sonstige Hilfsstoffe für Verklebungszwecke im Sinne der Bondierung. Wichtig sind in diesem Zusammenhang auch die programmierten Flachfixierpressen.

Die Effektivität des Industriezweiges Konfektion wird auch vom automatisierten Legen und Einbeuteln der flächigen Fertigerzeugnisse beeinflußt. Kleidungsstücke werden heute vielfach in Plastbeuteln verpackt und hängend im Sinne des Containertransports dem Großabnehmer zugestellt.

Ausdrücklich bleibt zu betonen, daß der Forschung und Entwicklung in der Konfektionsindustrie ganz besondere Bedeutung zukommt, weil die Konfektion an der Gesamtfertigung eines Bekleidungsstückes mit dem höchsten Kostenanteil beteiligt ist. Nach *R. Nestler* entfallen mindestens 3/4 der Gesamtkosten auf die Konfektion, während die Vorstufen Faden- und Flächengebildeherstellung sowie Veredlung höchstens 1/4 personellen Kostenanteil aufweisen. Bei den modernen rationellen Fertigungsverfahren von Großrundstrickwaren aus texturierter Polyesterseide vermindert sich dieser Kostenanteil noch beträchtlich. Eine ähnliche Relation dürfte sich ergeben, wenn man als Basis die Beschäftigtenzahl wählt. Es ist deshalb eine unabdingbare Notwendigkeit, die Rationalisierung und Grundlagenforschung auf dem Gebiet der Konfektionstechnik, die auch die technischen Textilien einschließen muß, verstärkt zu betreiben.

6. *Ausblick*

Die gezeigten Entwicklungstendenzen in der Textilindustrie gehen selbstverständlich Hand in Hand mit einer intensiven Rationalisierung der bestehenden Verarbeitungs- und Fertigungsverfahren. Im Sinne einer Aussonderung werden dabei Besttechnologien angestrebt, und zwar unter dem Blickwinkel einer zunehmenden Vereinheitlichung. Beispielsweise wird angestrebt, möglichst weitgehend zu einer Einheitsspinnereitechnologie zu gelangen, die mit wenig Prozeßstufen weitgehend kontinuierlich und automatisiert produzieren kann. Einen wesentlichen Fortschritt bringen die verschiedenen neuen Feinspinnverfahren, darunter vor allem das OE-Spinnen.

Der Erfolg bei der Rationalisierung sowie Einführung völlig neuer Produktionsverfahren hängt von einer zielstrebigen wissenschaftlichen Durchdringung des Reproduktionsprozesses ab. Dabei spielt ein ausgezeichnet arbeitendes Informationssystem eine hervorragende Rolle, was sich nicht nur auf technische bzw. technologische, sondern ganz besonders auch auf volkswirtschaftliche Belange bezieht. Es ist eine bekannte Tatsache, daß bei nicht hinreichender Auswertung der zahlreichen sachbezogenen Informationen Fehlentscheidungen oder aber auch unnötige Arbeiten anfallen können. Auch in Zukunft wird eine sinnvolle Standardisierung und Gütesicherung den Erfolg der Reproduktionsprozesse entscheidend beeinflussen, weshalb diesbezügliche Arbeiten bei allen Veränderungsmaßnahmen unbedingt parallel laufen müssen. Allerdings wird es notwendig sein, Informationsnutzung, Standardisierung und Gütesicherung zukünftig auf einem höheren Niveau zu betreiben.

Abschließend ist bezüglich der Entwicklungstendenzen in der Textilindustrie festzustellen, daß eine Niveau- und Effektivitätssteigerung der Textilproduktion nur dann erwartet werden kann, wenn die wissenschaftlich-technische Zusammenarbeit mit hohem Niveau und so breit wie möglich angelegt ist. Der Bogen muß auch bei uns in der DDR vom Rohstoff- bis zum Finalproduzenten gespannt sein und die chemische Industrie ebenso einbeziehen wie den Maschinen- und Anlagenbau. Auch dürfen Experten der Volkswirtschaft, der Mode, des Handels nicht abseits stehen. Nur auf diese Weise wird es möglich sein, schneller, besser, billiger und rohstoffoptimal im Interesse des Verbrauchers zu produzieren.

Literatur

[1] *Bobeth, W.:* Probleme der Textiltechnologie. Dt. Textiltechnik **21** (1971) S. 552–650.
[2] *Bobeth, W.:* Textiltechnologie und Bekleidung im Zeichen der wissenschaftlich-technischen Revolution. Spektrum **15** (1969) S. 300–307.
[3] *Banke, K.-H.:* Über Bedeutung und Aufgaben der Wissenschaft. Textiltechnologie im Prognosezeitraum. Dt. Textiltechnik **18** (1968) S. 756–766.
[4] *Banke, K.-H.*, und *Kittelmann, W.:* Gegenwärtiger Stand der Entwicklung neuer technologischer Verfahren in der Textilindustrie. Dt. Textiltechnik **18** (1968) S. 16–22.
[5] *Beutel, K.:* Technische Textilien im Einsatz. Wirtschaft **28** (1973) S. 21.
[6] *Weber, W.:* Kombinierte Texturfäden, Formeln — Faserstoffe — Fertigware. Informationen, Sonderheft Verbandstag 1972.

Eingegangen am 18. September 1973

Faserforschung und Textiltechnik 25 (1974) Heft 1
Zeitschrift für Polymerforschung

Elektrochemische Analysenmethoden in der Polymerforschung[1])

Burkart Philipp und Horst Dautzenberg

Akademie der Wissenschaften der DDR, Institut für Polymerenchemie in Teltow-Seehof

DK 678.01:661.728:541.64:543.25:532.7:541.182

Anhand von Beispielen, u. a. aus der Celluloseforschung, wird ein Überblick über die zur Zeit erkennbaren Einsatzmöglichkeiten elektrochemischer Meßmethoden in der Polymeranalytik gegeben, und zwar unter den Gesichtspunkten der elektrochemischen Analytik niedermolekularer Substanzen in Gegenwart von Polymeren, der Anwendung elektrochemischer Methoden zur Charakterisierung von Polymerketten in Lösung und der elektrochemischen Untersuchungen an dispersen Systemen.

Применение методов электрохимического анализа при исследовании полимеров

На некоторых примерах, в частности, и из области исследования целлюлозы, приводится обзор данных о существующих в настоящее время возможностях применения электрохимических методов для анализа полимеров. При этом рассматриваются вопросы электрохимического анализа низкомолекулярных веществ в присутствии полимеров, использования электрохимических методов для охарактеризовывания цепей полимеров в растворе и электрохимического изучения дисперсных систем.

Electrochemical Methods of Analysis in Polymer Science

The possibilities of applying electrochemical methods in the analysis of polymers are reviewed and illustrated by examples, partly from cellulose research, with particular respect to the determination of low molecular weight substances in the presence of polymers, the application of electrochemical methods to the characterization of polymer chains in solution and the electrochemical investigations of disperse systems.

1. Einleitung

Die methodische Vielfalt der elektrochemischen Analysenmeßtechnik und die breite Palette der Verfahren, die heute zur Charakterisierung elektrischer Phänomene bei Polymeren benötigt und genutzt werden, erfordern von vornherein eine Begrenzung der Thematik und eine zwangsläufig subjektive Auswahl von Schwerpunkten. Die folgenden Ausführungen sollen sich daher auf solche Vorgänge beschränken, die unter Beteiligung mindestens einer flüssigen, elektrisch leitfähigen Phase ablaufen und mit elektrochemischen Meßmethoden erfaßbar sind, die vor allem auf den Prinzipien der Konduktometrie, der Potentiometrie und der Aufnahme von Strom-Spannungskurven, d. h. in erster Linie der Polarographie aufbauen, während Phänomene der elektronischen Leitfähigkeit in Polymeren und die Anwendung dielektrischer Methoden nicht behandelt werden. Wir betrachten dabei die Gesamtproblematik unter dem Gesichtspunkt des Anwenders, der elektrochemische Meßmethoden zur physikochemischen und analytischen Charakterisierung organischer Hochpolymerer einsetzt. Somit stellen wir keine neuen Methoden vor, sondern legen vielmehr in einem eigene Experimentalarbeiten auf dem Cellulosegebiet angemessen betonenden Überblick dar, welche Aussagen mit den bekannten Methoden bei Hochpolymeren möglich sind und welche Vorstellungen und Wünsche von seiten des Anwenders an den Meßmethodiker vorliegen, um die Einsatzmöglichkeit elektrochemischer Meßmethoden in der Polymerforschung zu erweitern. Dabei wird eine Gliederung nach den Schwerpunkten

a) elektrochemische Analytik niedermolekularer Substanzen in Gegenwart von Polymeren,
b) elektrochemische Methoden zur Charakterisierung von Polymerketten in Lösung,
c) elektrochemische Untersuchungen an dispersen Systemen

vorgenommen, die hinsichtlich der zwischen b) und c) bestehenden Übergänge zugleich eine gewisse Schematisierung bedeutet.

2. Elektrochemische Analytik niedermolekularer Substanzen im Zusammenhang mit Polymeren

Gelöste Polymere vermögen vor allem durch Sorptionsvorgänge elektrochemische Analysenergebnisse bei der Bestimmung niedermolekularer Substanzen zu beeinflussen. Sofern der zu bestimmende Stoff ein solches Vorgehen zuläßt, wird daher in der analytischen Praxis, z. B. bei der Bestimmung von Polykondensationskatalysatoren [1] in Synthesefasern oder von Alterungsschutzmitteln in Plasten [2], eine Extraktion der interessierenden Komponente oder der radikale Weg einer durchgreifenden Zerstörung des Polymeren durch Verbrennung oder Naßoxydation gewählt und dann das betreffende metallische Element in üblicher Weise, z. B. polarographisch, ermittelt. Informationen über die chemische Struktur des Polymeren selbst lassen sich in Weiterentwicklung dieser Methodik durch kontinuierliche oder diskontinuierliche elektrochemische Analyse der bei solchen Destruktionsprozessen auftretenden niedermolekularen Zersetzungsprodukte erhalten, z. B. durch eine potentiometrische pH-Messung bei der Thermohydrolyse der Cellulose [3] oder durch Auswertung der Polarogramme der Pyrolyseprodukte chemisch modifizierter Cellulosen zur Identifizierung des jeweiligen Esters oder Äthers [4] in gewisser Analogie zur Pyrolysegaschromatographie. Häufig dient die polarographische oder potentiometrische Indizierung der Konzentrationsabnahme einer zum oder mit einem Polymeren reagierenden niedermolekularen Komponente zur Ermittlung von Zeit-Umsatz-Kurven, etwa der Copolymerisation von Acrylnitril und Styrol in DMF durch Verfolgung des zeitlichen Verlaufs der Stufenhöhe der beiden in ihren Halbstufenpotentialen genügend unterschiedlichen Vinylmonomeren [5], oder wird in der BMSR-Technik, beispielsweise zur Steuerung der Bleichmittelzudosierung in der Zellstoffindustrie über das Redoxpotential der Flotte [6], angewandt. Bei einer solchen polarographischen oder potentiometrischen Bestimmung nie-

[1]) Vorgetragen von *B. Philipp* auf der Tagung „Theorie und Anwendung elektrochemischer Meßverfahren", Berlin 11. bis 13. September 1973.

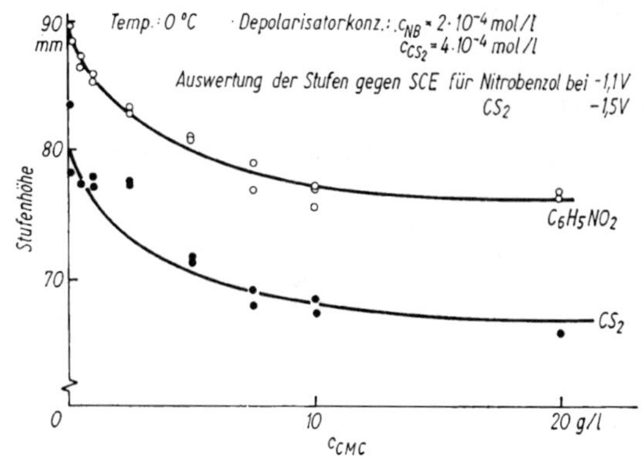

Bild 1. Stufenhöhe von Nitrobenzol und CS_2 in 1 n NaOH als Funktion der Natriumcarboxymethylcellulosekonzentration

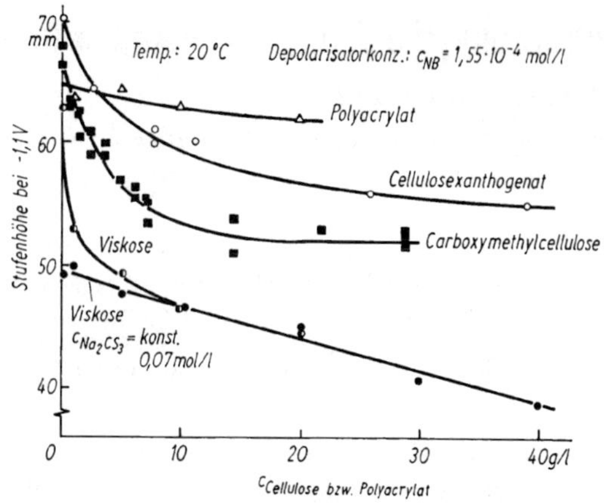

Bild 2. Stufenhöhe von Nitrobenzol in 1 n NaOH als Funktion der Polymerkonzentration

dermolekularer Substanzen in Gegenwart eines gelösten oder als separate Phase vorhandenen Polymeren muß stets mit einer Beeinflussung des Analysensignals durch die schon erwähnten Sorptionsvorgänge sowohl zwischen Polymerem und niedermolekularem Stoff in der Volumenphase, als auch zwischen Polymerem und Elektrodenoberfläche gerechnet werden, wobei die Größe dieser Effekte recht unterschiedlich und gegebenenfalls sogar vernachlässigbar sein kann, sich also leider bisher noch kaum für den Einzelfall im voraus abschätzen läßt. Die Veränderung der Form und Höhe polarographischer Reduktionsstufen durch polymere Maximadämpfer wie Methylcellulose, Agar oder Gelatine ist allgemein bekannt.

Wir selbst stießen bei unseren reaktionskinetischen Untersuchungen zur CS_2-Chemie des Viskoseprozesses auf solche Störungen sowohl bei der Potentiometrie sulfidischer Anionen durch mercurimetrische Fällungstitration als auch bei der polarographischen Bestimmung des freien CS_2 in Viskose. Zur weitgehenden Vermeidung der teilweisen Mitfällung von Cellulosexanthogenat bei der Potentiometrie der sulfidischen Nebenprodukte Sulfid, Dithiocarbonat und Trithiocarbonat [7] erwiesen sich starke Verdünnung auf einen Cellulosegehalt $< 0{,}1\%$, intensives Rühren und kontinuierliche Zugabe der Maßlösung als zweckmäßig. Über die Herabsetzung der Höhe kathodischer Stufen durch am Hg-Tropfen sorbierte Polymerschichten berichteten bereits früher *Kastening* und *Holleck* [8] anhand von Messungen an Nitrobenzol sowie *Frei* und *Miller* [9], die eine „Barrierenwirkung" adsorbierter kationischer Polyelektrolyte wie Polyvinylpyridin im Hinblick auf die Ausbildung der Stufen von Kationen wie Cd^{++} oder Cu^{++} feststellten. Eigene Untersuchungen [10] zur Beeinflussung der kathodischen Stufen von CS_2 und von Nitrobenzol durch verschiedene gelöste Polymere (Polyacrylat, Na-Carboxymethylcellulose, Na-Cellulosexanthogenat) ergaben in jedem Fall eine erhebliche, mit steigender Polymerkonzentration bis zu einem Sättigungswert zunehmende Verringerung der Stufenhöhe (Bilder 1 u. 2), die für beide untersuchten Depolarisatoren etwa den gleichen relativen Betrag erreichte, allerdings in ihrem Betrag und in ihrer Abhängigkeit stark von der Art des Polymeren und auch von seinem DP abhing. Diese Abnahme der Stufenhöhe ist allenfalls in recht untergeordnetem Umfange auf eine durch den Polymerzusatz hervorgerufene Erhöhung der makroskopischen Viskosität der Lösung zurückzuführen; ein allgemeingültiger Zusammenhang zwischen Viskosität und Stufenhöhe gemäß der bekannten Beziehung $i_d \cdot \sqrt{\eta} = \text{const.}$ trat erwartungsgemäß nicht auf. Zur Deutung der beobachteten Stufenerniedrigung sind u. E. im wesentlichen zwei Effekte in Betracht zu ziehen, nämlich einmal eine Verringerung der Diffusionsgeschwindigkeit des Depolarisators vor allem infolge Verringerung des freien Flüssigkeitsvolumens der Lösung durch das Polymere, zum anderen eine spezifische Adsorption des Polymeren an der Oberfläche der Tropfelektrode. Während der erste, vermutlich von der Art des Polymeren weitgehend unabhängige Effekt bei schwach sorbierbaren Polymeren wie Polyacrylat im Vordergrund stehen dürfte und bei niedriger Konzentration nur zu einer mäßigen Stufenerniedrigung führt, spielt bei dem zweiten, schon bei kleiner Polymerkonzentration eine starke Erniedrigung der Stufe bewirkenden Effekt die Art des Polymeren — Cellulosexanthat wird stärker sorbiert als CMC und zeigt auch die größere Stufenerniedrigung — und auch der DP eine entscheidende Rolle. Eine Erklärung des DP-Einflusses erscheint mit folgender Vorstellung möglich: Bei hohem DP wird der Grenzwert der Elektrodenbedeckung bereits bei niedriger Polymerkonzentration erzielt, wobei die Schicht aus adsorbierten langkettigen Molekülknäueln jedoch für Depolarisatormoleküle noch verhältnismäßig gut durchlässig ist und nur eine mäßige Stufenerniedrigung bewirkt, während bei niedrigem DP eine höhere Konzentration zum Erreichen des maximalen Bedeckungswertes erforderlich ist, die erhaltene Schicht sich jedoch rascher und vollständiger ausbildet, infolgedessen eine geringere Durchlässigkeit aufweist und so zu einer stärkeren Verringerung der Grenzstromstärke führt. Im Zusammenhang mit solchen Sorptionserscheinungen möchten wir abschließend noch eine Beobachtung zur Diskussion stellen, für die wir bis jetzt keine eindeutige Erklärung geben können, nämlich eine erhebliche Zunahme der anodischen Fällungsstufe von Thiosulfat durch gelöstes Cellulosexanthogenat bis auf etwa den achtfachen Wert [11], wobei ausschließlich die Xanthogenatgruppenkonzentration maßgebend ist, gleichgültig, ob sie über den Substitutionsgrad oder über die Cellulosekonzentration variiert wird. Natürlich liegt eine Deutung über eine Mitfällung des Cellulosexanthogenats an der Elektrode nahe, sie reicht aber u. E. nicht aus, um die beobachtete Selektivität zu erklären, indem einerseits mit niedermolekularen Xanthogenaten keine Veränderung der S_2O_3''-Fällungstufe beobachtet wird, andererseits andere anodische Fällungsstufen der verschiedenen Thioanionen durch Cellulosexanthogenat unbeeinflußt bleiben, dessen eigene anodische Fällungsstufe unter den hier gewählten Bedingungen vernachlässigbar klein ist.

3. *Anwendung elektrochemischer Analysenmethoden zur Charakterisierung der einzelnen Polymerkette*

Von der Zielstellung her sind hier zwei Arbeitsrichtungen zu unterscheiden, nämlich einmal elektrochemische Methoden als Hilfsmittel der allgemeinen Polymercharakterisierung mit dem Ziel eines auch routinemäßigen Einsatzes in der Betriebsanalytik, zum anderen die Untersuchung spezieller Effekte an Polyelektrolyten, z. B., um bestimmte Modellvorstellungen über die Ladungsverteilung oder zur Konformationsänderung experimentell zu prüfen.

Bei der erstgenannten Richtung stehen die Fragen nach

der mittleren rel. Molekülmasse und der Verteilung der rel. Molekülmassen,
der Anzahl und Verteilung ionischer Substituenten

im Vordergrund, zu deren Beantwortung mit allerdings recht unterschiedlichem Erfolg bereits alle konventionellen elektrochemischen Methodiken, also Potentiometrie, Konduktometrie, Polarographie und Elektrophorese herangezogen wurden. Eine mittlere rel. Molekülmasse, und zwar das sog. Zahlenmittel, läßt sich durch eine konventionelle, in ihrer Empfindlichkeit allerdings entsprechend hoch gezüchtete Potentiometrie bzw. Konduktometrie rasch und mit guter Genauigkeit bestimmen, wenn definierte ionische oder ionisierbare Gruppen ausschließlich am Kettenende, nicht aber in den inneren Kettengliedern vorliegen, die rel. Molekülmasse eine gewisse Grenze nicht übersteigt und ein geeignetes Lösungsmittel für das Polymere bekannt ist, das sich zugleich als Titrationsmedium eignet. Die Bestimmung der Amino- und Carboxyl-Endgruppen in Polyamiden stellt heute auf diesem Gebiet bereits eine Routine methode dar. Bei gegebener chemischer Struktur der Kette und Anwesenheit einer definierten Zahl polarographisch aktiver Gruppen pro Kettenglied sollte der Grenzstrom über den Diffusionskoeffizienten eine definierte Abhängigkeit von der rel. Molekülmasse aufweisen. Eine solche Abhängigkeit wurde für Polyester mit Malein- und Fumarsäureeinheiten auch tatsächlich gefunden [12]. Während wir bei niedermolekularen Alkylxanthogenaten ebenfalls eine lineare Abhängigkeit des Diffusionsstromes von der Alkylkettenlänge beobachteten (Bild 3), ist, wie eigene orientierende Messungen an Cellulosexanthogenat zeigten, bei hochmolekularen Produkten der Diffusionsstrom meist so

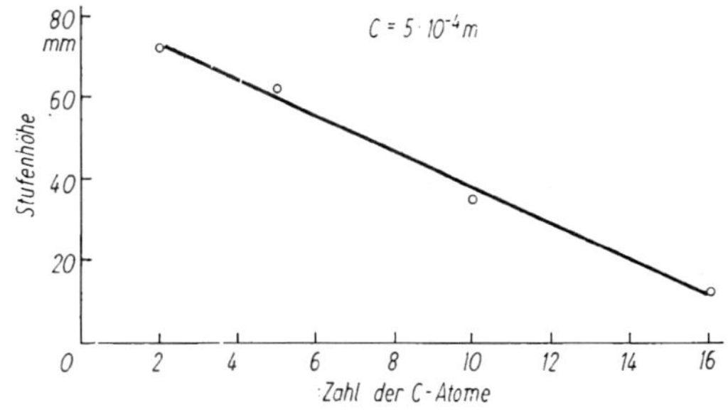

Bild 3. Abhängigkeit der Xanthogenatstufenhöhe von der Kettenlänge des Alkohols

gering, daß infolge ungenügender Spannweite des Analysensignals die Methode kaum praktische Anwendung finden wird [13], zumal zahlreiche rationellere Verfahren zur Verfügung stehen.

Allgemein bekannt seit den grundlegenden Arbeiten von *Tiselius* ist die Möglichkeit, Makromoleküle mittels Elektrophorese nach ihrer Größe aufzutrennen. So unentbehrlich diese Methodik heute in Medizin und Biologie für die Proteinanalytik auch ist, so hat sie doch zur Fraktionierung anderer Klassen von Polymeren bisher kaum Anwendung finden können und dürfte auch für die Zukunft hier keine große Bedeutung gewinnen: Wenn man davon ausgeht, daß drei Faktoren, nämlich Größe, Form und Ladungszahl des Moleküls, seine Wanderungsgeschwindigkeit im Feld bestimmen, so sind eben nur bei globulären Proteinen, d. h. Gemischen aus nur wenigen definierten Molekülspezies mit annähernd gleicher Molekülform, günstige Voraussetzungen für eine elektrophoretische Trennung gegeben, während beispielsweise bei einem Cellulosexanthogenat ein breites kontinuierliches Spektrum sowohl der Molekülgrößenverteilung wie auch der Verteilung der ionischen Substituenten und damit der Ladungsdichte der Ketten vorliegt. Eigene orientierende Untersuchungen zur trägerfreien Elektrophorese von Cellulosexanthogenatlösungen ergaben keine brauchbaren Trenneffekte, während *Kebl* u. a. [14] bei der Papierelektrophorese von Cellulosexanthogenatlösungen mit zunehmendem Veresterungsgrad einen stärkeren Anstieg der elektrophoretischen Beweglichkeit beobachteten, als der Zunahme der spezifischen Ladung entsprach.

Für wesentlich aussichtsreicher zur Gewinnung analytischer Aussagen über Molekülgröße *und* Zahl geladener Gruppen im Molekül halten wir polarographische Methoden, bei denen die Sorption des Polymeren an der Tropfelektrode den entscheidenden Meßeffekt liefert. Ausgehend von den bekannten Vorstellungen zur Maximadämpfung, wurden von *Rusznak* u. Mitarb. (z. B. [15 bis 17]) Korrelationen zwischen dem Ausmaß der Maximadämpfung und der rel. Molekülmasse des hierfür eingesetzten Polymeren (hydrolysierte Stärke, lösliche Celluloseester) gefunden. *Bezuglij* u. a. [18] beschrieben eine Methode zur Bestimmung der rel. Molekülmasse von Polyvinylalkohol über den Grad der Dämpfung des Maximums zweiter Ordnung einer $CuSO_4$-Lösung, und von *Kostanjan* u. a. [19] wurde über ein ähnliches Verfahren zur Ermittlung der Konzentration von gelöstem Celluloseacetat berichtet. Von *Jehring* [20, 21] wurden, z. T. gemeinsam mit uns [22], tensammetrische Untersuchungen an verschiedenen

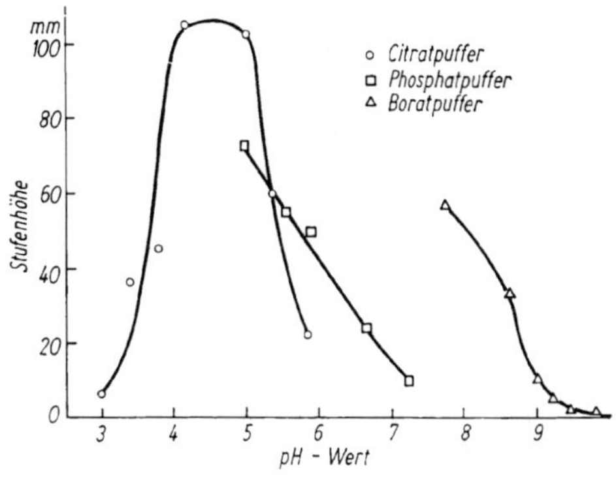

Bild 4. Anionenabhängigkeit der katalytischen Wasserstoffwelle von Cellulosexanthogenat

Polymeren, vor allem an Carboxymethylcellulose in alkalischer Lösung, durchgeführt, bei denen die Änderung der Doppelschichtkapazität in Abhängigkeit von Konzentration, rel. Molekülmasse und Substitutionsgrad des Polymeren verfolgt wurde, und wobei sich zwischen dem Potential im Scheitelpunkt der Desorptionswelle und dem Substitutionsgrad eine klare Korrelation ergab und unter gewissen Voraussetzungen aus dem Verlauf der Desorptionswellen auch erste Rückschlüsse auf die Substituentenverteilung zwischen den Ketten, also auf die „chemische Uneinheitlichkeit", möglich waren. Unter die analytische Nutzung polarographischer Sorptionserscheinungen können wir im weiteren Sinne auch die Auswertung der sogenannten katalytischen Wasserstoffwellen SH-gruppenhaltiger Substanzen rechnen, die auch zur Bestimmung des Substitutionsgrades gelöster Cellulosexanthogenate [23] herangezogen wurden. Bei eigenen Untersuchungen mit dieser Methode [13] zeigte sich eine ausgeprägte pH- und Anionenabhängigkeit dieser katalytischen Xanthogenatwelle (Bild 4), deren Höhe je nach dem verwendeten Puffersystem mit dem Substitutionsgrad des Cellulosexanthogenats sowohl zu- als auch abnehmen kann und — insgesamt betrachtet — infolge beträchtlicher Streuung der Einzelwerte als Basis eines zuverlässigen Analysenverfahrens kaum in Frage kommt.

Die potentiometrische oder konduktometrische Bestimmung saurer oder basischer Gruppen — z. B. zur Reinheitskontrolle homopolymerer Polyelektrolyte oder zur Erkennung von N-Verzweigungen, etwa in Polyäthylenimin, durch Titration primärer und sekundärer Aminogruppen im Gegensatz zu den titrimetrisch nicht erfaßbaren, zu schwach basischen tertiären N-Atomen oder zur Substitutionsgradbestimmung teilsubstituierter Polyelektrolyte, wie z. B. Copolymerer der Acrylsäure oder ionisch modifizierter Cellulosederivate — wirft heute keine grundsätzlichen Probleme mehr auf. Allerdings bedarf sie noch umfangreicher systematischer Arbeit, erstens im Hinblick auf die Auswahl des jeweils geeigneten, gegebenenfalls auch nichtwäßrigen Titrationsmediums, wobei hier die Arbeiten von *Barabanov* u. a. [24] zur Konduktometrie nichtwäßriger Polymerlösungen hervorgehoben seien, zweitens im Hinblick auf eine Differenzierung und Zuordnung beim Vorliegen verschiedener Arten saurer oder basischer Gruppen, wobei wir uns selbst mit dieser Problematik bei der Zuordnung der verschiedenen Potentialsprünge von Homo- und Copolymeren des Acrylnitrils nach alkalimetrischer Titration in verschiedenen Medien befaßten und unterschiedliche Potentialsprünge für die Sulfonsäuregruppen am Kettenende und im Ketteninneren wahrscheinlich machen konnten [25], und schließlich drittens im Hinblick auf störende Folgereaktionen an den ionischen Gruppen, wie z. B. eine pH-abhängige Laktongruppenbildung und -spaltung bei carboxylgruppenmodifizierten Cellulosederivaten (z. B. [26 bis 29]). Vertiefte analytische Aussagen läßt für die Zukunft vor allem eine vollständigere Ausschöpfung des Informationsgehaltes der gesamten potentiometrischen Titrationskurve voll- oder teilsubstituierter Polyelektrolyte erwarten, wobei hier zugleich eine Nahtstelle zwischen den beiden eingangs genannten Richtungen der routinemäßigen Polymercharakterisierung und der Aufklärung spezieller Effekte an Polyelektrolyten zu sehen ist. So bieten potentiometrische Aktivitätsmessungen an Gegenionen saurer Polysaccharide durch *Kohn* und *Furda* [30] und die Ermittlung des p_K-Wertes aus potentiometrischen Titrationskurven teilverseifter Polymethylacrylate durch *Sakurada* u. a. [31] erste Ansatzpunkte zur elektrochemischen Bestimmung von Substituentenverteilungen längs der einzelnen Polymerkette, und von *Sakagushi* u. a. [32] sowie von *Nagasawa* [33] wird auf Zusammenhänge zwischen dem unterschiedlichen Verlauf der potentiometrischen Titrationskurve von Polymethacrylsäuren und der Taktizität der Rückgratkette hingewiesen. Wie *Barabanov* zeigte [34], bieten potentiometrische Untersuchungen in nichtwäßrigen Medien ebenfalls Ansatzpunkte zur Copolymercharakterisierung, indem nämlich benachbarte ionische Gruppen einen anderen Effekt geben als isoliert stehende und so Rückschlüsse auf die Anordnung der Monomeren möglich sind.

Im Rahmen dieses auf analytische Probleme orientierten Vortrags ist es natürlich nicht möglich, die vielfältigen, mit elektrochemischen Methoden erhaltenen Ergebnisse darzustellen, deren Ziel nicht die analytische Charakterisierung eines Produktes, sondern der Erkenntnisfortschritt im Verständnis des Verhaltens von Polyelektrolyten war, und es sollen daher hier nur zwei Schwerpunkte kurz erwähnt werden. Seit den grundlegenden theoretischen und experimentellen Arbeiten von *Katchalski* (z. B. [35]) stand in den letzten 20 Jahren für die experimentelle Forschung die Prüfung und Untermauerung der Modellvorstellungen zur Ladungsverteilung und zur Gegenionenbindung von Polyelektrolyten im Mittelpunkt, also beispielsweise des bekannten Zylindermodells des Makroions [36] und in den letzten Jahren des verfeinerten Modells der sog. „Gegenionen-Kondensation" [37], wobei von der methodischen Seite her die potentiometrische Aktivitätsmessung und die Auswertung potentiometrischer Titrationskurven unter Zugrundelegung des Ansatzes von *Katchalski* [38] für eine Säure-Base-Titration bei Polyelektrolyten

$$\mathrm{pH} = p^{k} + \log \frac{\alpha}{1-\alpha} + A \left(\frac{\partial G_E}{\partial \nu}\right)$$

bzw. einer modifizierten *Henderson/Hasselbach*-Gleichung [39]

$$\mathrm{pH} = p\mathrm{K_A} + n' \log \frac{\alpha}{1-\alpha}$$

mit pK_A und n' als empirische Konstanten [z. B. 40] nach wie vor an erster Stelle steht, ergänzt durch Elektrophorese und Überführungsmessungen von Makroion und Gegenionen, vor allem durch *Nagasawa* u. Mitarb. [41, 42]. Entsprechend einem in der gesamten Polymercharakterisierung erkennbaren Trend zur Methodenkombination wächst die Zahl der Arbeiten, in denen klassische elektrochemische Meßverfahren mit anderen Methodengruppen gekoppelt werden, so z. B. von *Creszenzi* und *Dolar* [43] mit kalorimetrischen Messungen zur thermodynamischen Beschreibung des Ionisierungsverhaltens polymerer Carbonsäuren, von *Begala* und *Strauss* [44] mit dilatometrischen Messungen zur Erkennung kooperativer Effekte bei der H-Ionen-Bindung durch benachbarte Carboxylgruppen, oder von *Pal* und *Choudhury* [45] mit optischen Messungen zur Änderung der Metachromasie von Farbstoffkationen beim Titrieren von Polyanionen. Theoretisch wie methodisch erwähnenswert sind im Zusammenhang mit der Gegenionenbindung die Arbeiten von *Barabanov* [46 bis 48], der auf Grund konduktometrischer Titrationen von Methacrylat/Methacrylsäure-Copolymeren in nichtwäßrigen Medien (DMF) mit Erdalkalikationen die Vorstellung eines fluktuierenden Netzwerkes ionischer Bindungen in solchen Lösungen entwickelte und aus Hochspannungs-Feld-Effekt-Messungen eine Relaxationszeit von ca. 10^{-4} s für die Bindung des Gegenions an einen bestimmten Platz des Polyions ermittelte.

Ausgehend von den zunächst biochemisch orientierten Untersuchungen zur Helix-Coil-Umwandlung, wandte sich im Zuge der engeren Koppelung von Polymerforschung und Molekularbiologie die Polyelektrolytforschung in den letzten Jahren verstärkt der Frage der Konformationsänderung ionischer Makromoleküle unter Ausbildung definierter intramolekularer Ordnungszustände und unter Mitwirkung kooperativer Effekte zu. Ohne auf das auf diesem Gebiet „klassische Problem" der Helix-Coil-Umwandlung bei Proteinen und Nucleinsäuren näher einzugehen, für das heute bereits umfassende Übersichten einschließlich der theoretischen Vorstellungen zur Kooperativität solcher Prozesse vorliegen [49], sei hier lediglich auf die Bedeutung synthetischer homopolymerer Polypeptide als Modellsubstanzen für solche Untersuchungen hingewiesen (z. B. [50, 51]), bei denen von der Methodik her potentiometrische Titrationen noch immer im Vordergrund stehen. Zur Untersuchung der Helix-Coil-Umwandlung von Cu-Komplexen synthetischer Polypeptide wurden auch bereits die in einem engen pH-Bereich erfolgenden Änderungen von Diffusionsstromstärke und Halbstufenpotential des Cu^{++}-Ions herangezogen [51]. Unter Nutzung methodischer und theoretischer Erkenntnisse zur Konformationsänderung an Biopolymeren werden heute ähnliche Untersuchungen in zunehmendem Umfange an Polyelektrolyten mit durchlaufender C-Kette vorgenommen, sowohl zur kooperativen Wirkung von Nachbargruppen beim Ionisiervorgang [52] als auch zur Gestaltsänderung des Moleküls in Abhängigkeit vom Ionisierungsgrad bei Polyacrylsäuren unterschiedlicher Taktizität [53] oder bei Styrol/Maleinsäure-Copolymeren [54, 55], wo eine durch hydrophobe Bindungen stabilisierte, dichte globuläre Struktur mit fortschreitender Ionisierung der Carboxylgruppen zunehmend in die statistische Knäuelform übergeht. Als eine in die Zukunft weisende Arbeitsrichtung seien im Zusammenhang mit Konformationsänderungen abschließend die letzten Arbeiten von *Katchalski* [56] erwähnt, in denen an einer synthetischen homopolymeren Nucleinsäure eine thermodynamische Analyse der durch Konformationsänderung bedingten Hystereseschleife beim Durchlaufen eines Zyklus aus „Vorwärts- und Rückwärts-Titration" (Bild 5) gegeben und darauf hingewiesen wurde, daß von der Größe der beobachteten Potentialdifferenzen (ca. 65 mV) her solche Vorgänge möglicherweise als ein gewisses Modell für die Informationsspeicherung im Kurzzeitgedächtnis dienen können, das nach dem heutigen Erkenntnisstand ebenfalls mit Konformationsänderungen von RNS-Molekülen infolge elektrischer Nervenimpulse in Zusammenhang gebracht wird.

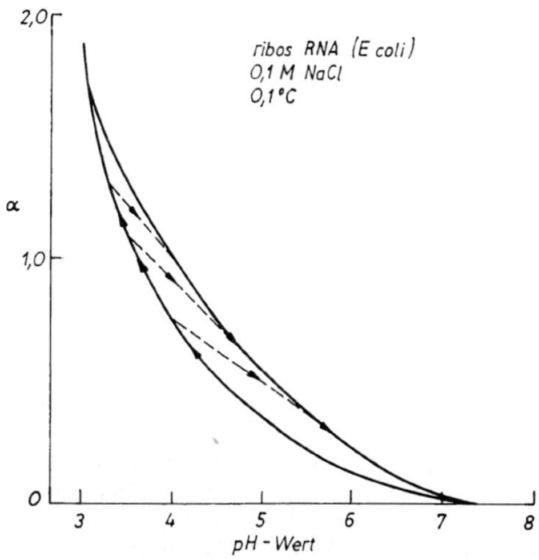

Bild 5. Potentiometrische Titration ribosomaler RNA, halbschematisch nach *Cox* (*Cox, R. A.*, Quart. Rev. **22** (1968) S. 499); Protonierungsgrad α als Funktion des pH-Wertes. Hystereseschleife (voll ausgezogen): Säuretitration von pH 8 bis pH 3 und anschließende Basetitration von pH 3 bis pH 8; Scanning-Kurven (gestrichelt), z. B. Säuretitration von pH 8 bis pH 4 und anschließende Basetitration von pH 4 bis pH 8. (entnommen aus [56]).

4. *Anwendung elektrochemischer Analysenmethoden auf organische Polymere in fester Phase*

Im Gegensatz zu dem sehr vielseitigen Einsatz elektrochemischer Analysenverfahren bei gelösten Polymeren steht die Anwendung solcher Methoden auf disperse Systeme mit Polymeren in fester Phase noch in ihren Anfängen. Zunächst seien zwei Aspekte der analytischen Nutzung klassischer elektrochemischer Methoden, in diesem Falle der Konduktometrie unter Betonung eigener Ergebnisse genannt: Die Wechselwirkung zwischen Polyanionen und Polykationen führt bekanntlich im gesamten pH-Bereich zu einer Ausfällung makromolekularer Salze, sog. Symplexe. Nachdem aus den bei der Fällungstitration von Cellulosexanthogenat mit Polyäthylenimin erhaltenen Trübungskurven gewisse Rückschlüsse auf die Verteilung der Xanthogenatgruppen entlang der Cellulosekette möglich waren [57], versuchten wir, aufbauend auf älteren Arbeiten von *Michaels* [58], auf konduktometrischem Wege zu vertiefenden Aussagen zu gelangen. Dabei zeigte sich jedoch, daß die verschiedensten Polyanionen mit den als Polykationen herangezogenen quaternären Ammoniumverbindungen unterschiedlicher Konstitution weitgehend unabhängig von Kettenlänge und Ladungsdichte der Polyionen sowie von Polymerkonzentration und Solvatationsgrad 1:1-Komplexe bilden, sofern zumindest eine der beiden Komponenten ein starker Polyelektrolyt ist [59]. Welche der in der Salzform (mit Cl^- oder Br^- bzw. Na^+ als Gegenion) eingesetzten Komponenten bei der Titration vorgelegt wird, spielt keine Rolle.

Eine für unsere Thematik zwar am Rande liegende, aber wegen ihrer Nützlichkeit erwähnenswerte Anwendung der Konduktometrie zur Charakterisierung von Polymerlösungen ist die konduktometrische Partikelzählung [60], bei der die Leitfähigkeitsänderung, die beim Durchtritt eines Feststoffpartikels durch eine kapillare Öffnung zwischen zwei Elektrodenräumen auftritt, als Impuls registriert wird und die so eine weitgehende automatisierbare Klassifizierung der in einer Lösung suspendierten Festpartikel nach Anzahl und Größe erlaubt. Diese ursprünglich zur Erythrozytenzählung entwickelte und dann zur Reinheitskontrolle von Viskosespinnlösungen verwendete Methode wurde von uns zu einer Systemlösung ausgebaut [61], die nicht nur die Aufnahme eines Partikelspektrums zur Reinheitskontrolle der verschiedenen, auch nichtwäßrigen technischen Spinnlösungen, sondern auch die Erfassung von beispielsweise durch thermische Vernetzung entstandenen Inhomogenitäten in Polymerfestkörpern nach deren Wiederauflösung gestattet und außerdem zur Untersuchung von Polymerdispersionen und Latices geeignet ist.

Voraussetzungen einer erfolgreichen Anwendung der Methode sind das Auffinden eines nach Leitsalzzusatz ausreichend leitfähigen Lösungsmittels, die Erhaltung des ursprünglichen Partikelspektrums auch in der zur Messung erforderlichen verdünnten Lösung und schließlich — für eine Absoluteichung hinsichtlich der Partikelgröße — die Kenntnis der Eigenleitfähigkeit der Partikel, von denen die ersten beiden in den von uns bisher geprüften Fällen durch systematische Experimentalarbeit stets zu erfüllen waren, während die Realisierung der dritten Forderung z. T. noch grundsätzliche Probleme aufwirft [62].

Schwerpunkt des Einsatzes elektrochemischer Meßmethoden bei heterogenen Systemen mit einer Polymerkomponente als Festphase ist z. Z. die weitere Aufklärung elektrochemischer Vorgänge an Phasengrenzen und die Aufstellung von Korrelationen zwischen den hierbei durch systematische Untersuchungen erhaltenen Meßdaten und der Struktur der Polymerphase einerseits, makroskopischen Eigenschaften des Gesamtsystems andererseits. Ungeachtet des Einsatzes der gleichen elektrochemischen Meßprinzipien haben sich hierbei zwei vom forschungsmethodischen Herangehen recht unterschiedliche Arbeitsrichtungen entwickelt. Die eine Richtung geht von der Notwendigkeit aus, die z. T. seit vielen Jahrzehnten empirisch betriebenen Herstellungs- und Verarbeitungstechnologien disperser Systeme mit einer Polymerkomponente, also z. B. von Latices, Zellstoff- und Fasersuspensionen in der Papier- und Textilindustrie, durch wissenschaftliche Fundierung weiterzuentwickeln, wobei die Bedeutung

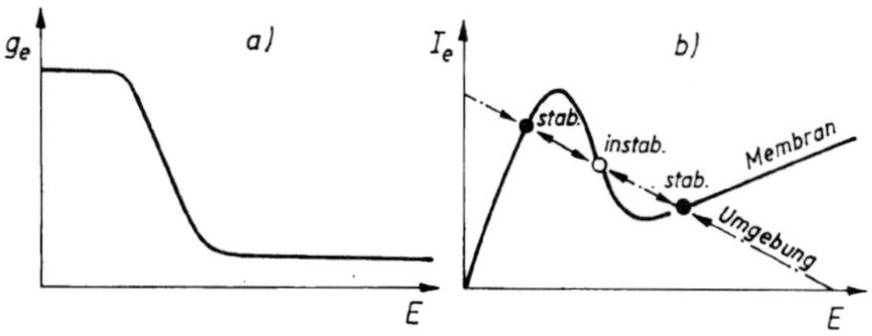

Bild 6. Zur Entstehung nichtmonotoner Strom/Spannungskurven durch spannungsabhängige Leitwerte $g_e(E)$. (entnommen aus [73]).

des Ladungszustandes der dispergierten Partikel für die Eigenschaften des Systems klar erkannt ist. Es gibt daher eine Fülle von Experimentalarbeiten, die über solche Zusammenhänge bei verschiedenen Stoffsystemen berichten, wobei zumeist von einer Messung elektrokinetischer Effekte und dem daraus errechneten Zetapotential ausgegangen wird, dessen meßtechnische Erfassung und physikalische Deutung bei solchen Systemen allerdings in vielen Fällen noch umstritten bzw. unbefriedigend ist. Als Beispiele der Bemühungen, Korrelationsbeziehungen zwischen Zetapotential und Verarbeitungs- bzw. Produkteigenschaften aufzustellen, seien Arbeiten im Zusammenhang mit rheologischen Messungen [63, 64], mit Problemen der Papiertechnologie [65], mit der Anfärbbarkeit [66] und der Vernetzung [67] von Cellulosefasern sowie auch mit dem Anschmutz- und Waschverhalten textiler Faserstoffe [68] genannt. Dieser anwendungsbezogenen Richtung steht auf der anderen Seite die z. Z. noch überwiegend dem Erkenntnisvorlauf dienende elektrochemisch orientierte Membranforschung gegenüber, die vor allem im Hinblick auf biologische Membranvorgänge über theoretisch sehr fundierte Modellvorstellungen (z. B. [69]) verfügt, deren experimentelle „in-vitro-Realisierung" jedoch noch in den Anfängen steht. Die bisher vorliegenden Experimentaluntersuchungen lassen aber bereits erkennen, daß für weitere Fortschritte der Einsatz der gesamten Palette elektrochemischer Meßverfahren erforderlich ist und hier sicher in Zukunft eines der ergiebigsten Anwendungsgebiete jeder methodischen Weiterentwicklung liegen dürfte. Bis jetzt standen methodisch im Vordergrund: einmal die Leitfähigkeitsmessung in allen Varianten, und zwar sowohl zur Untersuchung synthetischer Ionenaustauschermembranen, vor allem im Zusammenhang mit deren Porenstruktur [70, 71], als auch zur Klärung der Transportmechanismen in synthetischen Lipidmembran-Modellen [72], zum anderen die Aufnahme von Strom-Spannungs-Kurven, auch im Kurzzeitbereich, wobei deren nichtlinearer Verlauf infolge spannungsabhängiger Permeabilitätswerte den Schlüssel zum Verständnis beispielsweise der elektrochemischen Schaltwirkung einer bistabilen Membran darstellt [73] (Bild 6).

5. *Schlußbemerkungen*

Dieser Vortrag sollte anhand einiger Schwerpunktprobleme und subjektiv ausgewählter Beispiele zeigen, in welch breitem Umfange heute die Polymerforschung zur Charakterisierung der Stoffeigenschaften wie auch von an Polymeren ablaufenden Prozessen, z. B. des Stofftransports, elektrochemische Meßverfahren einsetzt. Hierbei seien die elektrochemischen Vorgänge an Phasengrenzen mit einer Polymerkomponente als künftiger Forschungsschwerpunkt nochmals ausdrücklich hervorgehoben und daraus zugleich der Wunsch des Anwenders elektrochemischer Meßverfahren an den Methodiker nach einer vorrangigen begrifflichen und meßtechnischen Weiterentwicklung der für dieses Einsatzgebiet wichtigen Verfahren abgeleitet. Umgekehrt wird die präparativ arbeitende Polymerforschung auch ihrerseits zum Fortschritt in der elektrochemischen Meß- und Analysenmethodik beitragen, etwa durch die Bereitstellung neuer Trennmedien, durch Weiterentwicklung von Ionenaustauschermembranen sowie durch den Ausbau der Grundlagen für neue selektive Elektroden, z. B. Enzymelektroden. Gerade auf dem Gebiet der Membranen werden sich wahrscheinlich zunehmend auch gemeinsame Arbeitsgebiete für die präparativ und physikochemisch orientierte Polymerforschung und die methodisch orientierte Elektrochemie ergeben.

Literatur

[1] *Edelmann, K.*, und *Wyden, H.*: Quantitative polarographische Bestimmung des Katalysatorgehaltes in Polyestern. Kautschuk u. Gummi **23** (1970) S. 96—99; vgl. auch: *Zimmermann, H.*, *Hoyme, H.*, und *Tryonadt, A.*: Methoden zur quantitativen Bestimmung von Metallen und von Phosphor in Polyäthylenterephthalat. Faserforsch. u. Textiltechnik **21** (1970) S. 33—36.

[2] *Bezuglij, V. D.*, *Preobraženskaja, E. A.*, und *Dmitrieva, V. N.*: Polarographische Bestimmung von Zinntetraphenyl in Polystyrol und in Polyvinylchlorid. Ž. anal. Chimii (Z. anal. Chemie) **19** (1964) 8, S. 1033—1035.

[3] *Döhler, W.*, *Baudisch, J.*, *Philipp, B.*, und *Ruscher, Ch.*: Chemische und strukturelle Änderungen beim thermischen Abbau verschiedenartig hergestellter Zellwollproben. Cellulose Chem. Technology, Jassy/Rum. **5** (1971) S. 215—224.

[4] *Bezuglij, V. D.*, *Štal, S. S.*, *Dmitrieva, V. N.*, und *Kononenko, L. V.*: Identifizierung von Plasten auf Basis Cellulose und ihrer Äther bzw. Ester mittels einer polarographischen Methode. Zavodsk. Labor., Moskva (Betriebslabor) **38** (1972) 9, S. 1067—1069.

[5] *Matusevič, P. A.*, *Bražnikova, L. Ju.*, und *Kurilenko, A. I.*: Polarographische Untersuchung der Copolymerisation von Styrol mit Acrylnitril. Izv. vysšich. uč. Zav. Chim. Chim. Technol. (Hochschulnachr. Chemie und chem. Technol.) **14** (1971) 12, S. 1895—1897.

[6] *Töppel, O.*: Zur Automation der Zellstoffbleiche. Papier **18** (1964) S. 568—579.

[7] *Dautzenberg, H.*, *Philipp, B.*, und *Schumann, J.*: Zur potentiometrischen Titration von Trithiocarbonat in Gegenwart anderer sulfidischer Anionen. Faserforsch. u. Textiltechnik **23** (1972) 9, S. 372—378.

[8] *Kastening, B.*, und *L. Holleck*: Über die Wirkungsweise von Inhibitoren bei polarographischer Reduktion organischer Verbindungen. Z. Elektrochemie **64** (1960) S. 823—834.

[9] *Frei, Y. F.*, und *Miller, I. R.*: Influence of adsorbed positively charged polyelektrolytes on polarographic currents of cationic depolarizers. II. J. physic. Chem. **69** (1965) 9, S. 3018—3023.

[10] *Bär, H. J.*, *Dautzenberg, H.*, und *Philipp, B.*: Beitrag zum Einfluß von Polymeren auf die Diffusionsstärke organischer Depolarisatoren. Z. physik. Chemie, Leipzig **239** (1968) S. 84—103.

[11] *Dautzenberg, H.*, *Philipp, B.*, und *Schumann, J.*: Zur Analytik oxydativ entstandener Viskosenebenprodukte. Faserforsch. u. Textiltechnik **23** (1972) 11, S. 488—493.

[12] *Voigt, J.*: Polarographische Untersuchungen an polymeren Depolarisatoren. Vortrag Hauptjahrestagung der Chem. Ges. d. DDR, 16. bis 19. 10. 1956 in Leipzig; ref.: Leybold polarogr. Ber. V (1957) 1/2, S. 36.

[13] *Fichte, Ch.*: Kinetische Untersuchungen zur Zersetzung von Xanthogenaten. Dissertation TH Dresden 1959.

[14] *Kebl, F.*, *Kašparová, Z.*, und *Yen, N. H.*: Untersuchung der Polyelektrolyteigenschaften von Cellulosexanthogenatlösungen. Chem. Prům., Praha (Chem. Bl.) **22** (47) (1973) 11, S. 559—562.

[15] *Rusznak, I.*, *Fukker, K.*, und *Kralik, J.*: Polarographische Untersuchung hochmolekularer Stoffe mittels Maximaunterdrückung. Naturwisss. **42** (1955) S. 643.

[16] *Rusznak, I.*, *Fukker, K.*, und *Kralik, I.*: Polarographische Untersuchung hochmolekularer Stoffe mittels Maximaunterdrückung. Acta Chimica **9** (1965) 1/4, S. 49—57.

[17] *Rusznak, I.*, *Fukker, K.*, und *Kralik, I.*: Theorie und Anwendungsmöglichkeiten der polarographischen Maximaunterdrückung. V. Zusammenhang zwischen dem Molekulargewicht der Cellulosediacetatmonophthalat-Fraktionen und der polarographischen Maximaunterdrückung ihrer alkalischen Lösungen. Z. physik. Chemie **17** (1958) 1/2, S. 61—67.

[18] *Bezuglij, V. D.*, und *Saličuk, E. K.*: Anwendung der polarographischen Methode zur Bestimmung des Molekulargewichtes von Polyvinylalkohol. Dokl. Akad. Nauk SSSR (Ber. Akad. Wiss. UdSSR) **158** (1964) 6, S. 1390—1392.

[19] *Kostanjan, G. G.*, *Dadajan, A. A.*, und *Saforjan, G. E.*: Polarographische Verfahren zur Bestimmung der relativen Molekülmasse von Celluloseacetat. Chim. Volokna (Chem. Fasern) (1970) 1, S. 39—41; dt. in: Sowj. Beitr. Faserforsch. Textiltechnik **7** (1970) 5, S. 245—248.

[20] *Jehring, H.*, und *Horn, E.*: Untersuchungen mit der Wechselstrompolarographie. V. Einfluß des mittleren Molekulargewichtes auf das Adsorptionsverhalten wasserlöslicher Moleküle. Mber. dt. Akad. Wiss. Berlin **10** (1968) S. 295—306.

[21] *Horn, E.*, und *Jehring, H.*: Untersuchungen mit der Wechselstrompolarographie. IX. Adsorptionsverhalten von Polyvinylalkohol und wasserlöslichen Cellulosederivaten an der Quecksilbertropfelektrode. Faserforsch. u. Textiltechnik **24** (1973) 6, S. 240—247.

[22] *Alsleben, H.*, *Jehring, H.*, *Philipp, B.*, und *Dautzenberg, H.*: Wechselstrompolarographische Untersuchungen an Carboxymethylcellulosen. Faserforsch. u. Textiltechnik **22** (1971) 12, S. 581—586.

[23] *Pečeny, R.*: Polarographische Reifebestimmung der Viskose. Chem. Prům., Praha (Chem. Bl.) (1955) 5, S. 207—209.

[24] *Barabanov, V. P.*, und *Kurmaeva, A. I.*: Konduktometrische Analyse Copolymerer saurer Natur in nichtwäßrigen Medien. Ž. anal. Chim. (Z. analyt. Chemie) **25** (1970) 10, S. 2010—2013.

[25] *Philipp, B.*, *Reichert, H.*, *Tryonadt, A.*, und *Gröbe, V.*: Zur Titration saurer Gruppen in Rein- und Copolymeren des Acrylnitrils. Faserforsch. u. Textiltechnik **15** (1964) S. 304—315.

[26] *Slavik, I.*: Über das Verhalten der Lactongruppen in der Cellulose bei der Carboxylbestimmung nach verschiedenen Methoden. Faserforsch. u. Textiltechnik **18** (1967) 1, S. 4—8.

[27] *Slavik, I.*: Über Entstehung von Lactonbindungen in Zellstoffen bei der Absäuerung und Trocknung. Faserforsch. u. Textiltechnik **18** (1967) 8, S. 396—397.

[28] *Slavik, I.*: Zeitlicher Verlauf der Lacton- bzw. Esterbindung in Zellstoffen beim Ansäuern und Trocknen. Faserforsch. u. Textiltechn. **20** (1969) 7, S. 346—347.

[29] *Rehder, W.*: Beiträge zur Analytik von Carboxyl- und Carbonylgruppen in Cellulosepräparaten. Dissertation Rostock 1965.

[30] *Kohn, R.*, und *Furda, I.*: The determination of a carboxyl group distribution pattern in linear acidic polysaccharides. Makromol. Chemie **102** (1967) S. 259—262.

[31] *Sakurada, I.*, *Sakaguchi, Y.*, *Fukami, K.*, und *Takashima, K.*: The effect of the distribution of ionic groups along the polymer chain on the solution properties of polyelectrolytes. Kobunshi Kagaku, Tokyo (Chem. High Polymers) **20** (1963) 213, S. 81—85.

[32] *Sakaguchi, Y.*, *Iwagaki, T.*, und *Tamaki, K.*: Polyelectrolyte behavior of poly(methacrylic acid) derived from poly(methacrylic anhydride) and isotactic methacrylic polymers. Kobunshi Kagaku, Tokyo (Chem. High Polymers) **29** (1972) 2, S. 73—77.

[33] *Nagasawa, M.:* Potentiometric titration and conformation of synthetic and natural polyelectrolytes. Pure appl. Chem. **26** (1971) 3/4, S. 519–536.

[34] *Barabanov, V. P.*, und *Centovskij, V. M.:* Untersuchung der Struktur der makromolekularen Ketten von Copolymeren der α-Chlaracrylsäure. Vysokomol. Soed. (Hochmol. Verbind.) Serie B: Kratkie Soobšč. (Kurzmitt.) **12** (1970) 1, S. 92–93.

[35] *Lifson, S.*, und *Katchalski, A.:* The electrostatic free energy of polyelectrolyte solutions. II. Fully stretched macromolecules. J. Polymer Sci. **13** (1954) S. 43–55.

[36] *Oosawa, F.:* Polyelectrolytes. New York: Marcel Dekker 1971.

[37] *Manning, G. S.:* Limiting laws and counterion condensation in polyelectrolyte solutions. J. chem. Physics **51** (1969) S. 924–933, S. 934–938, S. 2349–2352.

[38] *Katchalski, A.*, *Sharit, N.*, und *Eisenberg, H.:* Dissociation of weak polymeric acids and bases. J. Polymer Sci. **13** (1954) S. 69–84.

[39] *Katchalski, A.*, und *Spitnik, P.:* Potentiometric titrations of polymethacrylic acid. J. Polymer Sci. **2** (1947) S. 432–446.

[40] *Mandel, M.:* The potentiometric titration of weak polyacids. European Polymer J. **6** (1970) S. 807–822.

[41] *Takahashi, T.*, *Noda, I.*, und *Nagasawa, M.:* Electrophoresis of a rod-like polyelectrolyte in salt solutions. J. physic. Chem. **74** (1970) 6, S. 1280–1284.

[42] *Nagasawa, M.*, *Noda, I.*, *Takahashi, T.*, und *Shimamoto, N.:* Transport phenomena of polyelectrolytes in solution under electric field. J. physic. Chem. **76** (1972) 16, S. 2286–2294.

[43] *Crescenzi, V.*, *Delbon, F.*, *Quadrifoglio, F.*, und *Dolar, D.:* A comparative study of the enthalpy of ionization of polycarboxylic acids in aqueous solution. J. physic. Chem. **77** (1973) 4, S. 539–544.

[44] *Begala, A. J.*, und *Strauss, U. P.:* Dilatometric studies of counterion binding by polycarboxylates. J. physic. Chem. **76** (1972) 2, S. 254–260.

[45] *Pal, M. K.*, und *Choudhury, P. K.:* Conductometric titrations of anionic polyelectrolytes with methachromic dyes and effects of organic solvents. Makromol. Chemie **133** (1970) S. 151–160.

[46] *Barabanov, V. P.*, und *Bogdanov, B. L.:* Molekulare Reaktionen in nichtwäßrigen Lösungen von Polyelektrolyten. Tepl. Dviženie Mol. Mežmol. Vzajmodejstvie Židk. Rastvorach (1969) S. 479–481; ref.: CAMS **74** (1971) 13, S. 10, 142501.

[47] *Barabanov, V. P.*, und *Sannikov, S. G.:* Relaxationszeit der Gegenionen in nichtwäßrigen Lösungen von Polyelektrolyten. Elektrochim. (Elektrochemie) **8** (1972) 4, S. 563–564.

[48] *Barabanov, V. P.*, und *Sannikov, S. G.:* Elektrochemie der Polyelektrolyte. IX. Hochspannungs-Feld-Effekt in Polyelektrolyt-Salz-Systemen. Elektrochim. (Elektrochemie) **8** (1972) 9, S. 1399–1401.

[49] *Schwarz, G.:* General co-operative kinetics on a linear ISING lattice. Ber. Bunsenges. phyik. Chemie **75** (1971) 1, S. 40–45.

[50] *Maeda, H.*, und *Ikeda, S.:* Potentiometric titration of poly-(S-carboxymethyl-L-cysteine). Biopolymers **10** (1971) 12, S. 2525–2536.

[51] *Inoue, S.*, *Yamaoka, K.*, und *Miura, M.:* Polarographic investigation of biopolymers. II. Copper(II)-poly(α, L-glutamic acid) in the helix-coil-transition region. Bull. chem. Soc. Japan **45** (1972) 5, S. 1314–1319.

[52] *Kawabe, H.*, und *Yanagita, M.:* Group interactions in polyelectrolytes. III. Electrostatic effect of neighboring groups on the ionization of polyelectrolytes. Bull. chem. Soc. Japan **43** (1970) 9, S. 2706–2713.

[53] *Manjol, P.:* Polyelectrolytic behavior of stereoregular poly(acrylic acid). I. Study of the chain conformation by potentiometric titration. Bull. Soc. Chim. France (1972) 4, S. 1313–1318.

[54] *Ohno, N.*, *Nitta, K.*, und *Sugai, S.:* Conformational transition of maleic acid-styrene copolymers in aqueous solutions. Kobunshi Kagaku, Tokyo (Chem. High Polymers) **28** (1971) 316, S. 671–675.

[55] *Demchenko, P. A.*, und *Bojko, V. P.:* Konformationsänderung in einem Styrol/Maleinsäure-Copolymeren. Dopov. Akad. Nauk Ukr. SSR, Ser. B **34** (1972) 1, S. 48–50.

[56] *Neumann, E.*, und *Katchalski, A.:* Thermodynamische Untersuchung der Hysterese im System Polyriboadenyl-Polyribouridylsäure — Modell einer makromolekularen Gedächtnisaufzeichnung. Ber. Bunsenges. physik. Chemie **74** (1970) 8/9, S. 868–879.

[57] *Philipp, B.*, und *Lang, H.:* Über Symplexe von Cellulosederivaten. I. Mitt.: Fällungstitration von Cellulosexanthogenat mit Polyäthylenimin. Faserforsch. u. Textiltechnik **17** (1966) S. 299–304.

[58] *Michaels, A. S.*, und *Miekka, R. G.:* Polycation-polyanion complexes: Preparation and properties of poly-(vinylbenzyltrimethylammonium)polystyrene sulfonate. J. physic. Chem. **65** (1971) S. 1765.

[59] *Philipp, B.*, und *Alsleben, H.:* Über Symplexe von Cellulosederivaten. V. Mitt.: Untersuchungen zur Leitfähigkeitstitration anionischer Cellulosederivate mit polymeren Aminen. Faserforsch. u. Textiltechnik **21** (1970) 3, S. 110–116.

[60] *Philipp, B.*, und *Schleicher, H.:* Zur Prüffiltration und Teilchenzählung an Viskosespinnlösungen. Faserforsch. u. Textiltechnik **15** (1964) S. 451–457.

[61] *Philipp, B.*, unter Mitwirkung von *Bauer, A.*, *Rafler, G.*, *Reichert, H.*, *Reinisch, G.*, und *Ruscher, Ch.:* Polymerforschung in ihrer Auswirkung auf die Faserherstellung. Faserforsch. u. Textiltechnik **22** (1971) 10, S. 507–516.

[62] *Philipp, B.*, und *Reinisch, G.*, unter Mitarbeit von *Arnold, A.*, *Baudisch, J.*, *Jacob, W.*, *Jaeger, W.*, *Schleicher, H.*, und *Zimmermann, H.:* Inhomogenitäten in Spinnlösungen und -schmelzen sowie in Chemiefäden und ihre Bestimmung mittels konduktometrischer Partikelzählung. Band II der Vorträge zur 1. Techn.-Wiss. Konferenz „Herstellung und Verarbeitung der Kunst- und Synthesefasern", Varna 4. bis 6. 6. 73, S. 51–73.

[63] *Schempp, W.*, *Gökalp, A.*, *Kashmoula, T.*, und *Schurz, J.:* Rheologische und elektrokinetische Effekte bei Polyvinylalkohol-Kaolin-Systemen. Papier **26** (1972) S. 558–566.

[64] *Schurz, J.*, und *Schempp, W.:* Das rheologische Verhalten von elektrisch geladenen Systemen. Cellulose Chem. Technology, Jassy/Rum. **6** (1972) S. 79–122.

[65] *Melser, J.:* Zetapotential und seine Bedeutung bei der Herstellung von Papier. Papier **26** (1972) S. 305–332.

[66] *Poppel, E.*, *Ciovića, S.*, und *Zeidman, R.:* Electrokinetic properties of certain regenerated aminated celluloses and behavior during the dying processes. Cellulose Chem. Technology, Jassy/Rum. **5** (1971) S. 361–369.

[67] *Iyer, S. R. S.*, und *Jayaram, R.:* Zeta-potential studies in cellulose fibre/aqueous electrolyte solution systems. J. Soc. Dyers Colourists **87** (1971) 10, S. 338–342.

[68] *Bobeth, W.*, und *Jacobasch, H. J.:* Zur Bedeutung der physikalisch-chemischen Oberflächenparameter von Chemiefaserstoffen für deren Färbe-, Veredelungs- und Gebrauchseigenschaften. Lenzinger Ber., Lenzing/Österr. (1972) 34, S. 33–42.

[69] *Glansdorff, P.*, und *Prigogine, J.:* Thermodynamic theory of structure, stability and fluctuations. London: Wiley & Sons Intersc. 1971.

[70] *Steymans, C.:* Untersuchung über das Leitfähigkeitsverhalten von Austauschermembranen. II. Mitt. Die Leitfähigkeit von Kollodiummembranen mit eingelagerter Polystyrolsäure für die 1,1-wertigen Salze KCl, NaCl und LiCl. Ber. Bunsenges. physik. Chemie **74** (1970) 1, S. 46–53.

[71] *Petit, M.*, *Debionne, J. L.*, *Belorgey, G.*, und *Josefowicz, M.:* Electrical conductivity and ion exchange properties of some poly-4-vinyl-pyridine in the solid state. IUPAC Internat. Symp. Macromol. Leiden 1970. Book of Abstracts Vol. I/II, 21, S. 429–436.

[72] Ionentransport durch Lipidmembranen. Angew. Chemie, Nachr. Chemie und Technol. **21** (1973) S. 55–57.

[73] *Franck, U. F.:* Elektrochemische Phänomene an biologischen und künstlichen Membranen. Chemie-Ing. Technik **44** (1972) S. 228–235.

Eingegangen am 28. September 1973

Faserforschung und Textiltechnik 25 (1974) Heft 1
Zeitschrift für Polymerforschung

Lichtstreuung an einem Acrylnitril/Styrol-Copolymeren[1])

Herbert Dautzenberg

Akademie der Wissenschaften der DDR, Institut für Polymerenchemie in Teltow-Seehof, Abteilung Polymerphysik

DK 678.746.222-134.532:541.24.08:519.25:535.36:539.193

An einem überwiegend alternierend aufgebauten Acrylnitril/Styrol-Copolymeren wurden zur Bestimmung der rel. Molekülmasse und der chemischen Uneinheitlichkeit Lichtstreuungsmessungen in vier verschiedenen Lösungsmitteln durchgeführt. Außerdem wurden in einem geeigneten Lösungsmittel/Fällungsmittel-Gemisch die ungestörten Dimensionen ermittelt.

Светорассеяние сополимером акрилонитрила со стиролом

Для определения молекулярного веса и неоднородности по составу сополимера акрилонитрила со стиролом с преобладающим чередованием звеньев проведено измерение светорассеяния в четырех различных растворителях. Кроме того, в подходящей смеси растворителя и осадителя определены невозмущенные размеры макромолекул.

Light Scattering of a Acrylonitrile/Styrene-Copolymer

In order to determine the molecular weight and chemical nonuniformity of a predominantly alternating acrylonitrile/styrene-copolymer light scattering measurements were performed in four different solvents. Further, the unperturbed dimensions were determined in a suitable solvent/precipitant-mixture.

1. Einleitung

Im Zusammenhang mit den in unserem Institut durchgeführten Untersuchungen zum Mechanismus der alternierenden Copolymerisation von Acrylnitril und Styrol wurden von uns Lichtstreuungsmessungen an einem weitgehend alternierend aufgebauten Acrylnitril/Styrol-Copolymeren durchgeführt, um einen methodischen Vorlauf zur Charakterisierung entsprechender Produkte zu schaffen. Wir haben uns dabei nicht auf die Charakterisierung rein alternierender Produkte beschränkt, sondern die Lichtstreuungsmessungen in einem System von Lösungsmitteln durchgeführt, das die Bestimmung der rel. Molekülmasse und der chemischen Uneinheitlichkeit auch für heterogen aufgebaute Copolymere gestattet. Außerdem wurden in einem geeigneten Lösungsmittel/Fällungsmittel-System die ungestörten Dimensionen ermittelt.

2. Herstellung des Copolymeren

Als Probe verwendeten wir ein statistisches Copolymeres SAS 19, das jedoch auf Grund der Herstellungsbedingungen überwiegend alternierend aufgebaut war und nur 10 bis 15% Dyaden und Triaden enthielt. Die Synthese des Copolymeren wurde von Frau Dr. *Sandner* durchgeführt, der wir für das Zurverfügungstellen der Probe danken möchten.

Die Herstellung erfolgte unter folgenden Bedingungen: Acrylnitril/Styrol-Copolymerisation in Substanz in Gegenwart von Benzoylperoxid bei 60°C unter Rühren und Durchleiten von Stickstoff bis 9,4% Umsatz. Abbruch der Copolymerisation durch Abkühlen, Verdünnen der Mischung mit DMF und Ausfällen der verdünnten Lösung in Methanol, Trocknen des abfiltrierten und gewaschenen Copolymeren bei 60°C (36 h).

Monomeransatz: [ACN] = 8,79 mol/l

[Styrol] = 3,67 mol/l

[BPO] = 2,59 · 10⁻² mol/l

3. Zur Lichtstreuung an Copolymeren

Die Theorie der Lichtstreuung an Copolymeren wurde in den Arbeiten von *Bushuk* und *Benoit* [1] dargelegt. Da bei einem Copolymeren die beiden Cokomponenten im allgemeinen einen unterschiedlichen Brechungsindex besitzen, liefern sie unterschiedlich starke Beiträge zur Streuintensität. Für das Brechungsinkrement eines Copolymermoleküls gilt die Relation

$$\nu = x_A \nu_A + (1 - x_A)\nu_B \qquad (1)$$

mit ν, ν_A, ν_B — Brechungsinkremente des Copolymeren, der Komponente A bzw. B, x_A — Masseanteil der Komponente A.

Wenn das Copolymere polydispers und uneinheitlich aufgebaut ist, so unterscheiden sich die Brechungsinkremente für die einzelnen Moleküle. Für die Streuintensität erhält man dann für den Fall $\vartheta \to 0$ und $c \to 0$ (ϑ — Streuwinkel, c — Konzentration) den Ausdruck

$$J = K' \sum_i \nu_i^2 c_i M_i \qquad (2)$$

mit c_i — Konzentration der Moleküle mit der rel. Molekülmasse M_i und der Zusammensetzung x_i.

Wertet man die Messungen in Form des üblichen *Zimm*-Diagramms aus, so erhält man

$$J = K' \nu_0^2 c \cdot M_{\text{sch}} \qquad (3)$$

mit

$$M_{\text{sch}} = \frac{1}{\nu_0^2} \sum_i \nu_i^2 M_i \frac{c_i}{c}. \qquad (4)$$

Führt man für x_i den Ausdruck $x_i = x_0 + \delta x_i$ ein (x_0 — mittlere Zusammensetzung, δx_i — Abweichung von der mittleren Zusammensetzung), dann gilt für das Brechungsinkrement

$$\nu_i = \nu_0 + \delta x_i(\nu_A - \nu_B), \qquad (5)$$

[1]) Vorgetragen auf der 5. Hochpolymerentagung in Karl-Marx-Stadt vom 10. bis 12. September 1973.

Tabelle 1. Brechungsinkremente des Copolymeren und der beiden Homopolymeren

Lösungsmittel	n_{LM}	gem.			nach Gl. (1)	nach Gl. (7)			$\frac{\nu_A - \nu_B}{\nu}$
		SAS 19	PS	PVY	PVY	SAS 19	PS	PVY	
Aceton	1,359	0,211	—	—	—	0,210	0,239	0,148	0,43
MÄK	1,379	0,197	0,220	—	0,151	0,192	0,220	0,131	0,45
DMF	1,430	0,138	0,166	0,085	0,083	0,144	0,171	0,085	0,59
Acetophenon	1,534	0,042	0,068	—	−0,01	0,047	0,072	−0,008	1,64

und Gleichung (4) läßt sich in der Form schreiben:

$$M_{sch} = M_w + 2\,\frac{\nu_A - \nu_B}{\nu_0}\,P + \left(\frac{\nu_A - \nu_B}{\nu_0}\right)^2 Q \qquad (6)$$

mit M_w = wahres Massemittel der rel. Molekülmasse

$$P = \sum_i \frac{c_i}{c} M_i \delta x_i; \qquad (6a)$$

$$Q = \sum_i \frac{c_i}{c} M_i \delta x_i^2. \qquad (6b)$$

Der physikalische Sinn des Parameters Q ist offensichtlich. Da die Abweichungen δx_i von der mittleren Zusammensetzung quadratisch in Q eingehen, liefert Q ein Maß für die Uneinheitlichkeit des Copolymeren bezüglich der Zusammensetzung. Der Parameter P ist sowohl für ein homogenes oder monodisperses Copolymeres gleich Null als auch für eine Probe, bei der die Molekülzusammensetzung nicht von der rel. Molekülmasse abhängt. P spiegelt somit die Änderung der Zusammensetzung mit der rel. Molekülmasse wider.

Da Gleichung (6) drei unbekannte Parameter enthält, ist die Bestimmung von M_w, P und Q im Prinzip durch Messung in drei Lösungsmitteln möglich, die eine genügend große Variation der Größe $\frac{\nu_A - \nu_B}{\nu}$ ermöglichen. Nach *Kratochvil* u. Mitarb. [2, 3] erhält man eine optimale Lösung, wenn in drei Lösungsmitteln gemessen wird, die folgende Bedingungen befriedigen:

1. Lösungsmittel: die Brechungsinkremente beider Komponenten besitzen hohe absolute Werte mit gleichem Vorzeichen;
2. Lösungsmittel: $|\nu_A|$ ist groß, $\nu_B \approx 0$;
3. Lösungsmittel: $|\nu_B|$ ist groß, $\nu_A \approx 0$.

4. *Experimentelle Untersuchungen*

Von uns wurde zunächst eine Reihe von Lösungsmitteln getestet, wobei die von *Kratochvil* u. Mitarb. aufgestellten Bedingungen angestrebt wurden. Es konnte aber kein geeignetes Lösungsmittel mit so hohem Brechungsindex gefunden werden, daß das Brechungsinkrement des Styrols Null ist. Wir legten uns dann auf folgende vier Lösungsmittel fest: Aceton, Methyläthylketon (MÄK), Dimethylformamid (DMF) und Acetophenon.

4.1. *Bestimmung der Brechungsinkremente*

Die Bestimmung der Brechungsinkremente erfolgte mit einem *Brice-Phönix*-Differentialrefraktometer bei $\lambda = 546$ nm. Die Küvette wurde auf 25 °C ± 0,1 grd thermostatiert. Da in den genannten Lösungsmitteln zwar das Copolymere, aber nicht in allen Lösungsmitteln die Homopolymeren Polystyrol und Polyacrylnitril löslich sind (Polystyrol ist in Aceton unlöslich, Polyacrylnitril in Aceton, MÄK und Acetophenon) wurden die fehlenden Werte nach Gleichung (1) ermittelt (außer für Aceton). Dazu wurde der Masseanteil x_{PS} durch Messung aller drei Brechungsinkremente in DMF bestimmt.

Für x_{PS} erhielten wir den Wert 0,65, der gut mit dem theoretischen Wert 0,663 für ein alternierendes Copolymeres übereinstimmt. Die Abweichung deutet auf ein geringes Überwiegen des Acrylnitrilanteils hin, was durch eine Stickstoffbestimmung (51,3 mol% AN) bestätigt wurde.

Die Brechungsinkremente wurden außerdem nach der in Arbeit [4] angegebenen Relation

$$\nu = \frac{n_1 - n_2}{\varrho_2} \qquad (7)$$

berechnet, mit n_2, n_1 = Brechungsindex des Polymeren bzw. des Lösungsmittels, ϱ_2 = Dichte des Polymeren. Die Werte für n_1, n_2 und ϱ_2 wurden aus der Literatur [4, 5, 6] entnommen. ($\varrho_{PS} = 1{,}05$ g/cm³, $n_{PS} = 1{,}610$, $\varrho_{PVY} = 1{,}12$ g/cm³, $n_{PVY} = 1{,}525$). Die experimentellen und die theoretisch berechneten Werte für die Brechungsinkremente sind in Tabelle 1 zusammengestellt.

Die gemessenen und die nach Gleichung (7) berechneten Werte stimmen recht gut überein, wobei natürlich die relativen Abweichungen mit abnehmenden Werten von ν zunehmen. Die nach Gleichung (1) ermittelten Brechungsinkremente können mit einem größeren Fehler behaftet sein, da sie sich als kleine Differenzen experimentell bestimmter Werte ergeben.

In Tabelle 1 sind noch die Werte für den Parameter $\nu_A - \nu_B/\nu$ angegeben, die soweit vorhanden aus den gemessenen und sonst aus den nach Gleichung (7) berechneten Brechungsinkrementen bestimmt wurden.

4.2. *Lichtstreuungsmessungen*

Die Lichtstreuungsmessungen führten wir mit dem Streulichtphotometer Sofica bei $\lambda = 546$ nm und mit unpolarisiertem Licht bei 25 °C durch. Die Lösungen wurden in folgender Weise präpariert:

Da sich die Probe in allen verwendeten Lösungsmitteln gut auflöste, wurden die 0,5%igen Stammlösungen einen Tag auf einer Schüttelmaschine geschüttelt. Anschließend stellten wir die Verdünnungsreihen mit sechs Konzentrationen (0,5; 0,4; 0,3; 0,2; 0,1 und 0,05 g/100 ml) her, die

Tabelle 2. Relative Molekülmasse, zweiter Virialkoeffizient und Gyrationsradius des Copolymeren

Lösungsmittel	$M_w \cdot 10^{-5}$	$A_2 \cdot 10^5$ 100 ml/g	$\overline{r_z^2}^{1/2}$ Å
Aceton	3,63	0,48	395
MÄK	3,57	0,62	437
DMF	3,63	0,54	399
Acetophenon	3,57	0,64	—*

* Die Bestimmung von $\overline{r_z^2}^{1/2}$ in Acetophenon ist wegen der starken Streuung der Meßpunkte (sehr niedrige Streuintensität) zu unsicher.

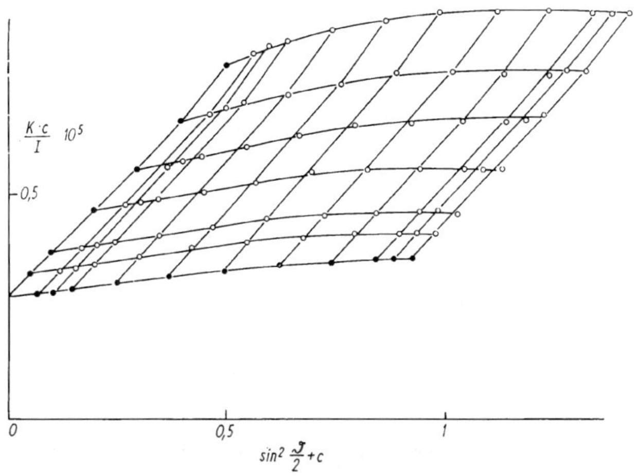

Bild 1. *Zimm*-Diagramm von SAS 19 in Aceton (*c* in g/100 ml)

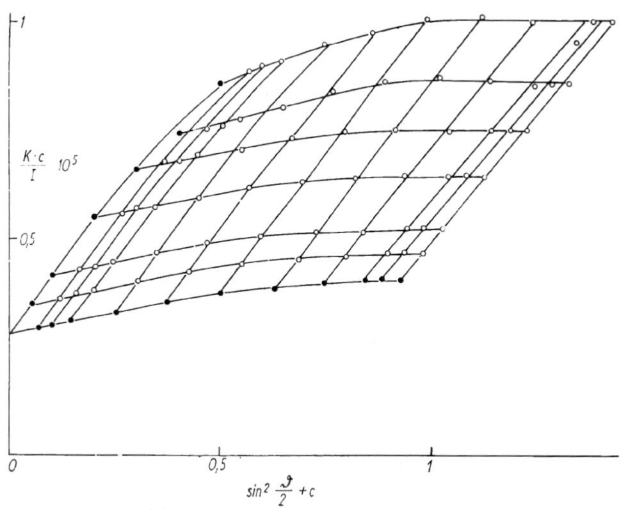

Bild 2. *Zimm*-Diagramm von SAS 19 in Methyläthylketon (*c* in g/100 ml)

durch Zentrifugieren mit einer Tischzentrifuge T 24 von *Janetzki* gereinigt wurden. Die Lichtstreuungsmessungen erfolgten nach 24 h Stehen. Die Meßergebnisse wurden in Form von *Zimm*-Diagrammen aufgetragen (s. Bilder 1 bis 4). Aus den *Zimm*-Diagrammen ergeben sich die in Tabelle 2 angegebenen Werte für die rel. Molekülmasse den zweiten Virialkoeffizienten und den Gyrationsradius.

5. *Diskussion der Meßergebnisse*

Die Werte für die rel. Molekülmasse stimmen in allen Lösungsmitteln sehr gut überein, was für eine hohe chemische Einheitlichkeit der untersuchten Probe spricht. Die Parameter P und Q sind praktisch Null. Dieses Ergebnis war für ein überwiegend alternierend aufgebautes Copolymeres auch zu erwarten.

Ein interessantes Verhalten zeigen die Werte für den zweiten Virialkoeffizienten, der die Güte des Lösungsmittels charakterisiert. Diese Werte liegen alle relativ hoch (z. B. im Vergleich mit Polystyrol in MÄK, $A_2 = 1 \cdot 10^{-6}$ 100 ml/g) und in der gleichen Größenordnung. Diese Tatsache ist überraschend, da die beiden Homopolymeren in den einzelnen Lösungsmitteln sehr unterschiedliche Löslichkeitseigenschaften zeigen. So stellt Aceton, beurteilt an den A_2-Werten, für das Copolymere ein annähernd gleich gutes Lösungsmittel dar wie DMF, obwohl in Aceton beide Homopolymeren unlöslich sind (Polystyrol ist in Aceton nur in konzentrierter Lösung löslich), während sie in DMF gut löslich sind.

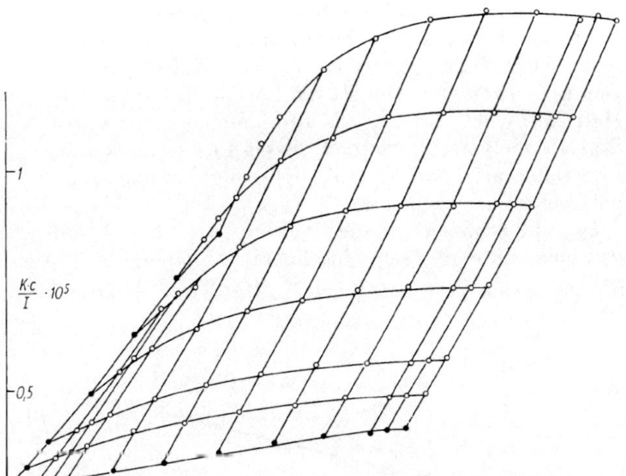

Bild 3. *Zimm*-Diagramm von SAS 19 in DMF (*c* in g/100 ml)

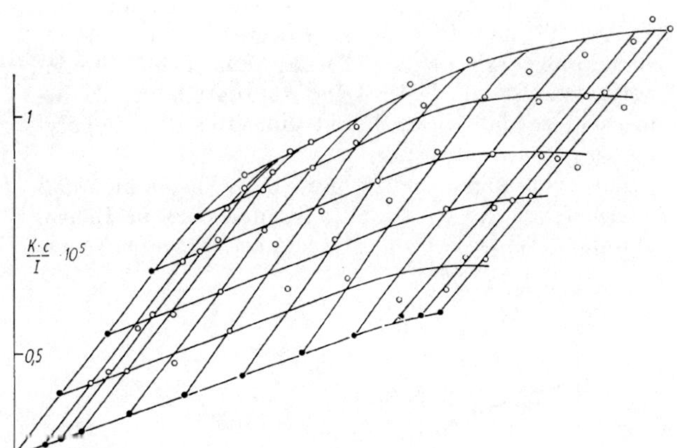

Bild 4. *Zimm*-Diagramm von SAS 19 in Acetophenon (*c* in g/100 ml)

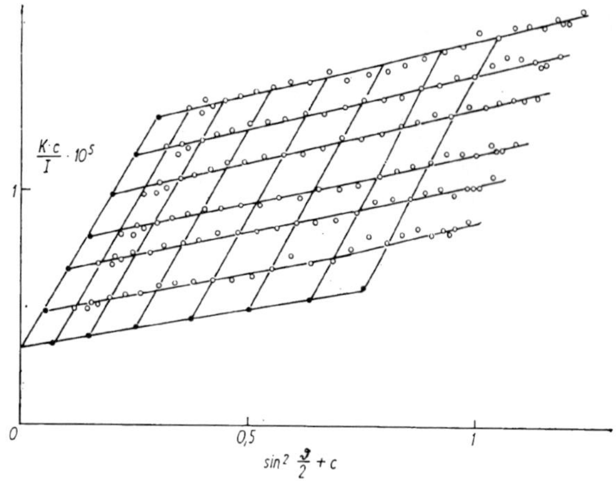

Bild 5. *Zimm*-Diagramm eines Polyacrylnitrils ($M_w = 3{,}0 \cdot 10^5$) in DMF (c in g/100 ml)

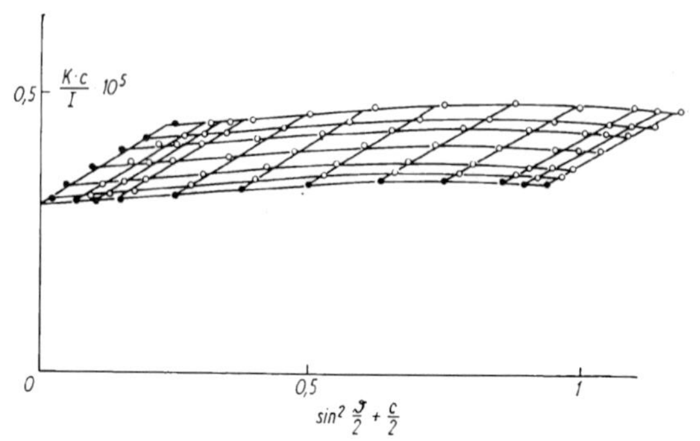

Bild 6. *Zimm*-Diagramm eines Polystyrols ($M_w = 3{,}3 \cdot 10^5$) in DMF (c in g/100 ml)

Das *Zimm*-Diagramm von SAS 19 in DMF (Bild 3) deutet sogar auf eine zunehmende Aggregatbildung bei höheren Konzentrationen hin. Die Streukurven zeigen eine mit wachsender Konzentration stark zunehmende Krümmung bei kleinen Winkeln. Da man bei der Extrapolation auf $c = 0$ den richtigen Wert für die rel. Molekülmasse ermittelt, läßt sich die Krümmung der Streukurven nicht durch einen festen Gelanteil erklären, sondern deutet auf die Ausbildung lockerer, reversibler Assoziate mit wachsender Konzentration hin. Aus diesem Grunde dürfte DMF für eine Charakterisierung und Fraktionierung alternierender Acrylnitril/Styrol-Copolymerer ungeeignet sein.

Um zu klären, ob die Aggregatbildung in DMF eine typische Eigenschaft von alternierenden Acrylnitril/Styrol-Copolymeren ist, haben wir zum Vergleich die Streudiagramme der Homopolymeren mit vergleichbarer rel. Molekülmasse herangezogen. Bild 5 zeigt das *Zimm*-Diagramm eines Polyacrylnitrils mit $M_w = 3{,}0 \cdot 10^5$ und Bild 6 die Streukurven einer Polystyrolprobe mit $M_w = 3{,}3 \cdot 10^5$. Für beide Homopolymeren ist in DMF keine Assoziatbildung zu bemerken, so daß dieser Effekt eindeutig dem Copolymeren zuzuschreiben ist.

Zum Lösungsverhalten sei noch bemerkt, daß alternierende Acrylnitril/Styrol-Copolymere in Benzol unlöslich sind, obowhl Benzol ein ausgezeichnetes Lösungsmittel für Polystyrol darstellt. Das Lösungsverhalten der Homopolymeren liefert somit keinerlei Aussagen über das zu erwartende Lösungsverhalten des alternierenden Copolymeren. Dieser Sachverhalt wird wahrscheinlich durch die starke Wechselwirkung zwischen der Nitrilgruppe und dem Phenylring bedingt.

Als letzten Punkt möchten wir die ermittelten Werte für die Gyrationsradien diskutieren. Wir finden zwar die zu erwartende Zunahme der Trägheitsradien mit A_2, die Differenzen zwischen den Werten erscheinen uns aber bei der geringen Variation von A_2 etwas zu hoch. Eine gesicherte Extrapolation auf $A_2 = 0$ ist ebenfalls wegen des kleinen erfaßten A_2-Bereiches nicht möglich. Wir haben deshalb die Probe SAS 19 noch in Lösungsmittelgemischen von MÄK mit steigendem Isopropanolgehalt untersucht. Die Abhängigkeit des zweiten Virialkoeffizienten vom Isopropanolgehalt ist in Bild 7 dargestellt. Der θ-Punkt wird erst bei dem sehr hohen Fällungsmittelanteil von 32,5% erreicht. Das unterstreicht nochmals die Lösungsmittelgüte von Methyläthylketon bezüglich alternierender Acrylnitril/Styrol-Copolymerer, so daß dieses Lösungsmittel zur Fraktionierung und Charakterisierung derartiger Copolymerer gut geeignet ist.

In Bild 8 haben wir die Größe $\overline{r_z^2}/M_w$ über A_2 aufgetragen. Es ergibt sich eine lineare Abhängigkeit, die für A_2 gleich Null den Wert $\overline{r_{z\theta}^2}/M_w = 0{,}38$ Å² liefert.

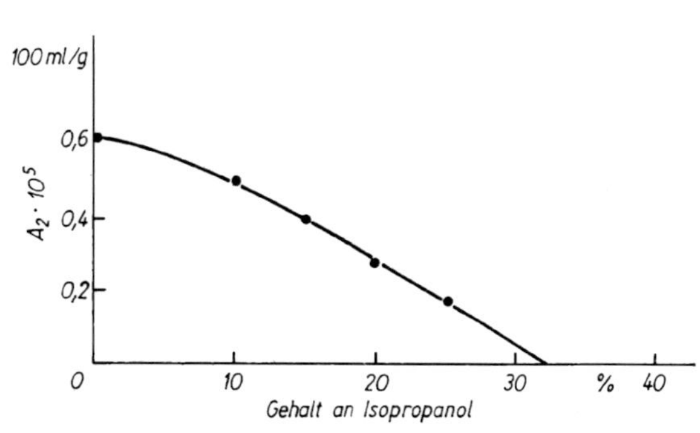

Bild 7. Abhängigkeit des zweiten Virialkoeffizienten der Probe SAS 19 vom Isopropanolgehalt im Lösungs-/Fällungsmittel-Gemisch MÄK/Isopropanol

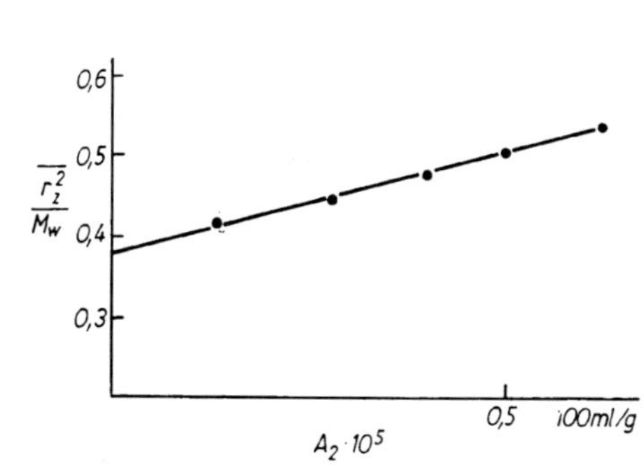

Bild 8. Abhängigkeit der Größe $\overline{r_z^2}/M_w$ vom zweiten Virialkoeffizienten für SAS 19 im Lösungs-/Fällungsmittel-Gemisch MÄK/Isopropanol

Dieser Wert liegt wesentlich höher als die von *Kurata* und *Stockmayer* [7] angegebenen θ-Dimensionen der Homopolymeren:

Polystyrol: $$\frac{\overline{r_\theta^2}}{M} = 0{,}075\ \text{Å}^2,$$

Polyacrylnitril: $$\frac{\overline{r_\theta^2}}{M} = 0{,}145\ \text{Å}^2.$$

Dabei ist jedoch zu berücksichtigen, daß $\overline{r_z^2}$ noch in $\overline{r_w^2}$ umzurechnen ist. Es gilt

$$\overline{r_w^2} = \overline{r_z^2}\left(\frac{1+u}{1+2u}\right); \tag{8}$$

u — Uneinheitlichkeit der Probe ($u = M_w/M_n - 1$).

Von *K.-J. Linow* (Institut für Polymerenchemie), wurde durch Sedimentationsmessungen die Verteilung der rel. Molekülmasse des Copolymeren bestimmt. Die daraus berechneten Werte von M_w und M_n liefern für u den Wert 0,22. Damit erhält man

$$\frac{\overline{r_{w\theta}^2}}{M_w} = 0{,}32\ \text{Å}^2.$$

Auch dieser Wert liegt noch wesentlich höher als die ungestörten Dimensionen der Homopolymeren.

Die alternierende Struktur liefert somit eine wesentliche Versteifung der Ketten, was sich ebenfalls durch eine starke Wechselwirkung zwischen der Nitrilgruppe und dem Phenylring deuten läßt.

Zusammenfassung

Die Lichtstreuungsmessungen an einem überwiegend alternierend aufgebauten Acrylnitril/Styrol-Copolymeren mit einer rel. Molekülmasse $M_w = 3{,}6 \cdot 10^5$ in verschiedenen Lösungsmitteln haben gezeigt, daß die Lösungsmittel Aceton, Methyläthylketon, Dimethylformamid und Acetophenon geeignet sind, um uneinheitlich aufgebaute Acrylnitril/Styrol-Copolymere nach der Methode von *Bushuk* und *Benoit* [1] zu charakterisieren. Für die untersuchte Probe war die chemische Uneinheitlichkeit wie zu erwarten Null. Das Lösungsverhalten und der hohe Wert für die ungestörten Dimensionen des Copolymeren deuten auf eine starke Wechselwirkung zwischen der Nitrilgruppe und dem Phenylring hin. In Dimethylformamid wurde eine mit der Konzentration zunehmende Assoziatbildung gefunden, so daß die Verwendung dieses Lösungsmittels zur Fraktionierung und Charakterisierung derartiger Produkte nicht zu empfehlen ist.

Literatur

[1] *Bushuk, W.*, und *Benoit, H.*: Light-scattering studies of copolymers. I. Effect of heterogeneity of chain composition on the molecular weight. Canadian J. Chem. **36** (1958) S. 1616–1626.

[2] *Kratochvil, P.*, und *Tuzar, Z.*: Anmerkungen zur Ermittlung der Heterogenität der chemischen Zusammensetzung von Copolymerisaten mit der Lichtstreuungsmethode. Angew. Chemie **82** (1970) S. 557.

[3] *Tuzar, Z., Kratochvil, P.*, und *Strakova, D.*: Characterization of copolymers by the light scattering method from dilute solutions in mixed solvents. European Polymer J. **6** (1970) S. 1113–1124.

[4] *Outer, P., Carr, C. F.*, und *Zimm, B. H.*: Light scattering investigations of the structure of polystyrene. J. chem. Physics **18** (1950) S. 830–839.

[5] Chemikerkalender. Hgg. von Dr. *H. U. v. Vogel*, Berlin: Springer 1956.

[6] *Brandrup, J.*, und *Immergut, E. H.*: Polymer Handbook. New York/London/Sydney: Interscience Publishers 1966.

[7] *Kurata, M.*, und *Stockmayer, W. H.*: Intrinsic viscosities and unperturbed dimensions of long chain molecules. Fortschr. Hochpolymeren Forsch. **3** (1963) S. 196–312.

Eingegangen am 4. Oktober 1973

Strukturuntersuchungen an Polyamidfäden mit der inneren Reflexionsspektroskopie

Johannes Dechant

Akademie der Wissenschaften der DDR, Institut für Polymerenchemie in Teltow-Seehof, Abteilung Physik

DK 677.494.675:677.014.8:535.361.2:535.33/.34-15

Die Grundlagen der inneren Reflexionsspektroskopie von anisotropen Proben werden beschrieben. Die Eindringtiefe der Strahlung in die Probe wurde experimentell bestimmt. An Polyamidfäden wurden der Ordnungsgrad und der Dichroismus in Abhängigkeit von der Eindringtiefe ermittelt, um Angaben über das Vorliegen einer Kern/Mantel-Struktur zu erhalten.

Изучение структуры полиамидного волокна методом спектроскопии с внутренним отражением

Описан принцип спектроскопии с внутренним отражением анизотропных образцов. Экспериментально определена глубина проникновения излучения в образец. С целью получения информации о наличии структуры ядро/оболочка для полиамидных волокон определены степень упорядоченности и дихроизм в зависимости от глубины проникновения.

Structure Investigations of Polyamide Fibers by Internal Reflexion Spectroscopy

The fundamentals of internal reflexion spectroscopy of anisotrope samples are described. The penetration depth of radiation into the sample was determined experimentally. The degree of order and the dichroism of polyamide fibers was determined in dependence on the penetration depth in order to obtain data on the existence of scin/core structures.

1. Einführung

Bei ultrarotspektroskopischen Untersuchungen an Fasern werden verschiedene Präparationsmethoden angewendet, die dem jeweiligen Problem anzupassen sind [1]. Für Strukturuntersuchungen kommen solche Methoden in Frage, die die übermolekulare Struktur nicht verändern. Durch Zerkleinern der Fasern und Einbetten in Kaliumbromid oder Paraffinöl kann man gute Spektren erzeugen; jedoch geht dabei die axiale Orientierung verloren, und in einigen Fällen wird die übermolekulare Struktur beim Zerschneiden gestört. Man vermeidet das, wenn man Schichten aus parallel aufgewickelten Fasern untersucht. Solche Präparate sind häufig für die normale Transmissionsspektrometrie zu dick und ungleichmäßig. Daher fand die Methode der inneren Totalreflexion (ATR-Technik) für Untersuchungen an Fasern und Textilgeweben besonderes Interesse [2 bis 8]. Die Faser ist auch für die ART-Technik ein ungünstiges Objekt, da es prinzipiell nicht möglich ist, zwischen der Faser und dem Reflexionselement einen guten optischen Kontakt zu erzielen. Hier hilft die Vielfachreflexionstechnik weiter, mit der durch Variation der Zahl der Reflexionen sowohl starke als auch schwache Banden gut vermessen werden können. Die effektive Reflexionszahl hängt von der Faserfeinheit, von der Güte der Faserwicklung und vom Anpreßdruck ab. Sie ist schlecht reproduzierbar, deshalb muß man bei quantitativen Messungen die Extinktion auf eine strukturunabhängige Standardbande beziehen oder solche Auswerteverfahren anwenden, die auf Extinktionsverhältnissen beruhen.

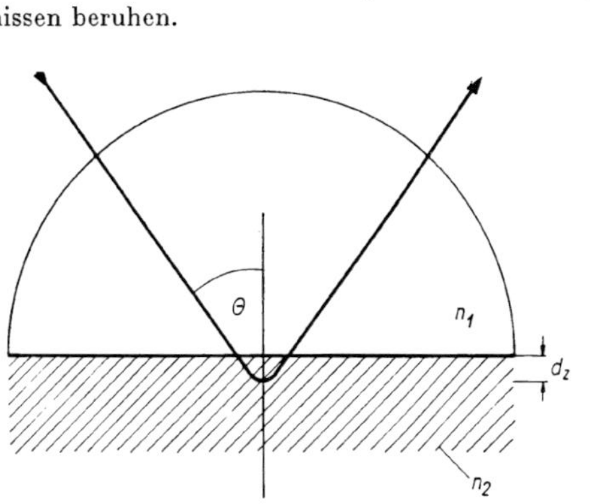

Bild 1. Das Prinzip der geschwächten Totalreflexion (ATR-Technik)

2. Grundlagen der inneren Reflexionsspektroskopie

Bei der Totalreflexion an der Grenzfläche zwischen dem hochbrechenden Kristall (n_1) und der Probe (n_2) dringt die Strahlung etwas in die Probe ein und wird darin absorbiert oder geschwächt (Bild 1). Die Eindringtiefe d_z beträgt nur wenige Mikrometer. Nur die äußerste Oberflächenschicht der Probe trägt zur Absorption bei. Wegen des unzureichenden optischen Kontaktes kann bei Faserpräparaten nur mit der im Bild 2 skizzierten Vielfachreflexionstechnik ein brauchbares Spektrum erzeugt werden. Die Strahlung wird in dem Kristall mit trapezförmigem Querschnitt etwa zwanzigmal reflektiert.

Die Fasern werden direkt auf den Kristall aufgewickelt, oder sie werden auf kleine Rahmen gewickelt und an den Kristall angepreßt. Der Anpreßdruck muß so gewählt werden, daß bei ausreichendem Kontakt der Kristall nicht beschädigt wird. Die Spektren lassen sich noch verbessern, wenn man die Präparate zuvor zwischen polierten Stahlplatten glattpreßt. Dabei können aber die Fasern deformiert werden und Strukturänderungen auftreten.

Im allgemeinen Fall wird eine anisotrope Probe, wie wir sie speziell bei Fasern vorliegen haben, durch ein dreiachsiges Absorptionsindexellipsoid beschrieben (Bild 3). Zwischen dem Absorptionsindex $\varkappa$ und der im *Lambert*schen Absorptionsgesetz enthaltenen Absorptionskonstanten m besteht die Beziehung

$$m = \frac{1}{\lambda} 4\pi n\varkappa. \qquad (1)$$

$\varkappa_y$ ist der Absorptionsindex für die parallel zur Reckrichtung oder Faserachse polarisierte Strahlung. $\varkappa_x$

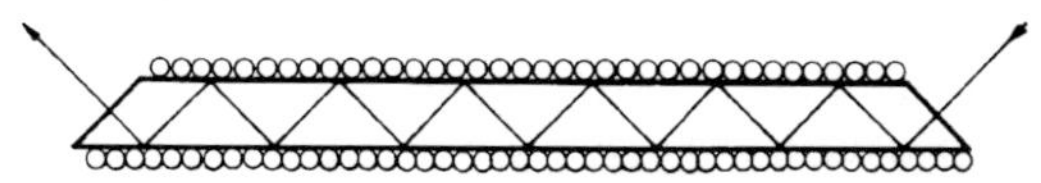

Bild 2. Vielfachreflexion zur ultrarotspektroskopischen Untersuchung von Fasern

und $\varkappa_z$ gelten für die senkrecht zur Faserachse und parallel beziehungsweise senkrecht zur Oberfläche polarisierte Strahlung. Im Experiment kann man die Faserachse parallel oder senkrecht zur Reflexionsebene anordnen und die Strahlung parallel oder senkrecht dazu polarisieren. Damit stehen vier Meßmöglichkeiten zur Bestimmung der drei Hauptabsorptionsindizes zur Verfügung. Die senkrecht zur Reflexionsebene polarisierte Strahlung erfaßt jeweils nur einen Absorptionsindex ($\varkappa_x$ oder $\varkappa_y$). Das sind die Größen, die man auch mit der Transmissionsspektrometrie mißt. Die innere Reflexionsspektrometrie erlaubt zusätzlich die Messung von $\varkappa_z$.

Flournoy und *Schaffers* [9] leiteten die folgenden Beziehungen zwischen dem gemessenen Reflexionsgrad R und den Absorptionsindizes bei idealem Kontakt und einfacher Reflexion ab:

$$\log \frac{1}{R_{\perp,2}} = E_{\perp,2} = A\varkappa_x, \quad (2)$$

$$\log \frac{1}{R_{\parallel,2}} = E_{\parallel,2} = B[\sin^2\theta\varkappa_z + (\sin^2\theta - n^2)\varkappa_y], \quad (3)$$

$$\log \frac{1}{R_{\perp,1}} = E_{\perp,1} = A\varkappa_y, \quad (4)$$

$$\log \frac{1}{R_{\parallel,1}} = E_{\parallel,1} = B[\sin^2\theta\varkappa_z + (\sin^2\theta - n^2)\varkappa_x]. \quad (5)$$

Dabei sind

$$A = \frac{4n^2\cos\theta}{(\sin^2\theta - n^2)^{1/2}(1 - n^2)},$$

$$B = \frac{4\,n^2\cos\theta}{(\sin^2\theta - n^2)^{1/2}(\sin^2\theta - n^2 + \cos^2\theta n^4)}.$$

θ ist der Reflexionswinkel, $n = n_2/n_1$ ist der relative Brechungsindex.

Der Reflexionsgrad R wird analog wie der Transmissionsgrad bei der Durchlässigkeitsspektroskopie nach einem Grundlinienverfahren bestimmt. Bei N-facher Reflexion ist R durch R^N zu ersetzen. Wenn N nicht bekannt ist, lassen sich die Absorptionsindizes nur bis auf einen gemeinsamen Faktor bestimmen. Die Indizes 1 und 2 geben die parallele bzw. senkrechte Anordnung der Faserachse an, mit $_\parallel$ und $_\perp$ wird die Lage der Polarisationsrichtung zur Reflexionsebene gekennzeichnet. Durch Umformung der Gleichungen (2) bis (5) erhält man Formeln für die Berechnung der Absorptionsindizes $\varkappa$ aus den scheinbaren Extinktionen E. Darin tritt $\varkappa_z$ zweimal auf. Wir verwendeten für die Auswertung den Mittelwert aus beiden Messungen.

3. *Die Eindringtiefe der Strahlung in die Probe*

Für die Eindringtiefe der Strahlung und die effektive Schichtdicke wurden von *Harrick* u. Mitarb. [10, 11] die folgenden Gleichungen abgeleitet:

$$d_z = \frac{\lambda_1}{2\pi\,(\sin^2\theta - n^2)^{1/2}}, \quad (6)$$

$$d_{e\parallel} = \frac{\lambda_1 n\cos\theta\,(2\sin^2\theta - n^2)}{\pi(1-n^2)\,[(1+n^2)\sin^2\theta - n^2]\,(\sin^2\theta - n^2)^{1/2}}, \quad (7)$$

$$d_{e\perp} = \frac{\lambda_1 n\cos\theta}{\pi(1-n^2)\,(\sin^2\theta - n^2)^{1/2}}. \quad (8)$$

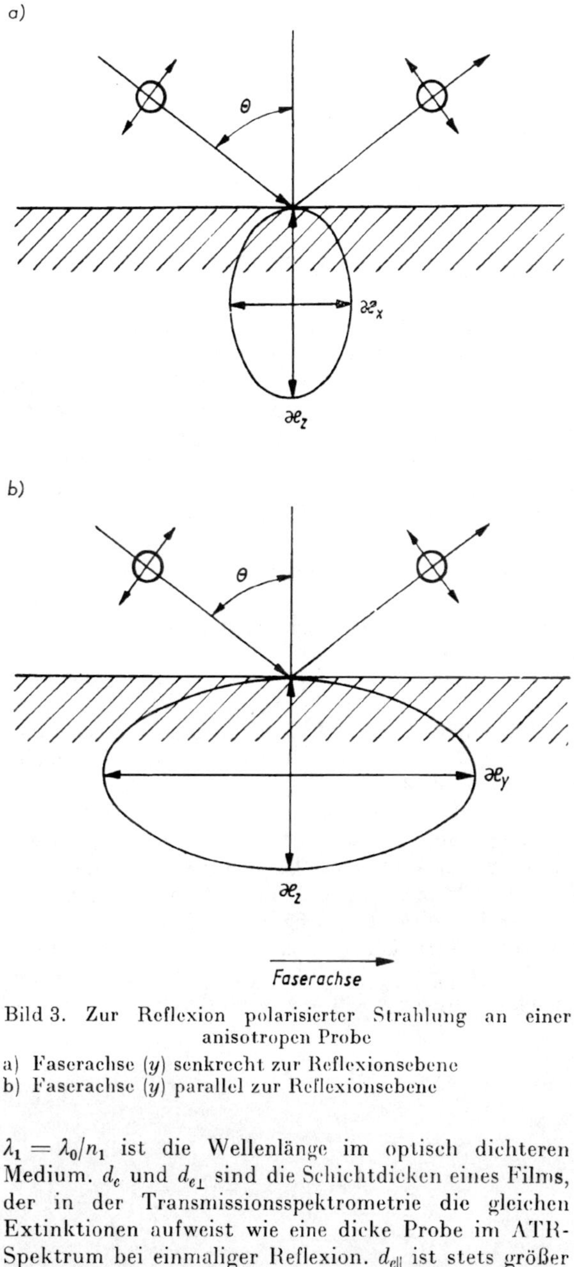

Bild 3. Zur Reflexion polarisierter Strahlung an einer anisotropen Probe
a) Faserachse (y) senkrecht zur Reflexionsebene
b) Faserachse (y) parallel zur Reflexionsebene

$\lambda_1 = \lambda_0/n_1$ ist die Wellenlänge im optisch dichteren Medium. d_e und $d_{e\perp}$ sind die Schichtdicken eines Films, der in der Transmissionsspektrometrie die gleichen Extinktionen aufweist wie eine dicke Probe im ATR-Spektrum bei einmaliger Reflexion. $d_{e\parallel}$ ist stets größer als $d_{e\perp}$; deshalb sind die mit parallel zur Reflexionsebene polarisierter Strahlung erhaltenen Spektren kontrastreicher als bei Senkrechtpolarisation.

Als Eindringtiefe d_z wird die Tiefe bezeichnet, in der die Amplitude des elektrischen Vektors auf den e-ten Teil ihres Wertes an der Grenzfläche abgenommen hat. Da d_z proportional zur Wellenlänge ist, sind im ATR-Spektrum langwellige Banden verhältnismäßig stärker als im Transmissionsspektrum. Tiefere Schichten als d_z tragen nur wenig zum Reflexionsspektrum bei. Aus dem Vergleich von Messungen bei verschiedenen Eindringtiefen kann man Schlußfolgerungen darüber ziehen, ob in dem erfaßten d_z-Bereich eine Schicht- oder Kernmantelstruktur vorhanden ist.

Die Gleichungen (6) bis (8) wurden auf der Basis der *Maxwell*schen Theorie aus einer Reihenentwicklung der *Fresnel*schen Reflexionsformeln abgeleitet. Sie sind

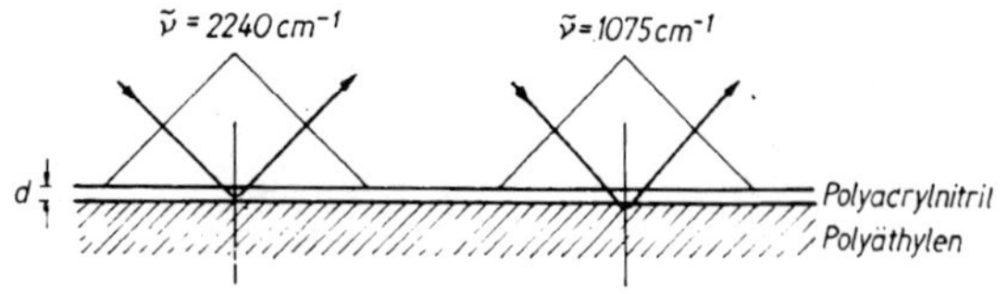

Bild 4. Experimentelle Bestimmung der Eindringtiefe

Näherungslösungen, die für kleine Absorptionskonstanten und bei Vernachlässigung der Doppelbrechung und der anormalen Dispersion gelten. Von *Reichert* [12] wurden etwas größere Eindringtiefen als die aus der Gleichung (6) folgenden theoretischen Werte gefunden. Das liegt vor allem daran, daß im Spektralbereich der Absorptionsbanden die anormale Dispersion nicht vernachlässigt werden darf. Wegen der grundlegenden Bedeutung der Eindringtiefe für die Diskussion unserer Messungen haben wir die Eindringtiefen experimentell bestimmt. Zu diesem Zweck wurden dünne Polyacrylnitrilfilme auf einer dicken Polyäthylenfolie spektroskopiert. Es wurden die Reflexionsgrade bzw. die scheinbaren Extinktionen solcher Polyacrylnitrilbanden, die nicht mit Absorptionen der Unterlage zusammenfallen, in Abhängigkeit von der Schichtdicke gemessen. Bei großen Schichtdicken ist die relative Extinktion der Banden von der Dicke des Films unabhängig. Bei abnehmender Schichtdicke werden zuerst die Banden mit großer Wellenlänge oder kleiner Wellenzahl geschwächt (Bild 4), und das Verhältnis der Extinktionen von lang- und kurzwelligen Banden ist nicht mehr konstant. Im Bild 5 ist die relative Extinktion der Banden 1075 cm^{-1} und 2240 cm^{-1} in Abhängigkeit von der Filmdicke aufgetragen. Die Schichtdicke, von der an die Werte konstant bleiben, ist die Eindringtiefe der Strahlung mit der größeren Wellenlänge, tiefere Schichten tragen nicht zur Extinktion bei. In der

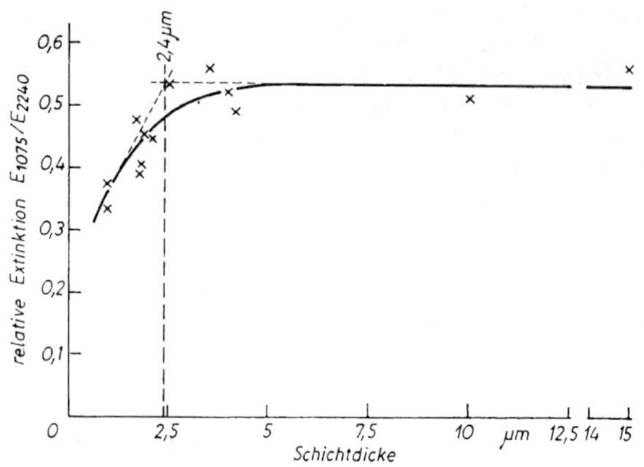

Bild 5. Relative Extinktion E_{1075}/E_{2240} eines Polyacrylnitrilfilms in Abhängigkeit von der Filmdicke

Tabelle 1 sind die berechneten und die gemessenen Eindringtiefen für verschiedene Reflexionsbedingungen zusammengestellt.

4. *Experimentelle Ergebnisse*

Die Bilder 6 und 7 zeigen Vielfachreflexionsspektren von Polyamid-6-Fasern. Die Faserachse liegt bei beiden Bildern senkrecht zur Reflexionsebene. Nach dem

Tabelle 1. Berechnete und experimentelle Eindringtiefen für die Wellenlänge 9,3 μm ($\tilde{\nu}$ = 1075 cm^{-1})

Kristall	θ	n_1	n_2	d_z berechnet (μm)	d_z experimentell (μm)
KRS-5	45°	2,4	1,5	1,9	2,4
KRS-5	51°	2,4	1,5	1,3	1,7
AgCl	52,5°	2,0	1,5	2,9	4,0

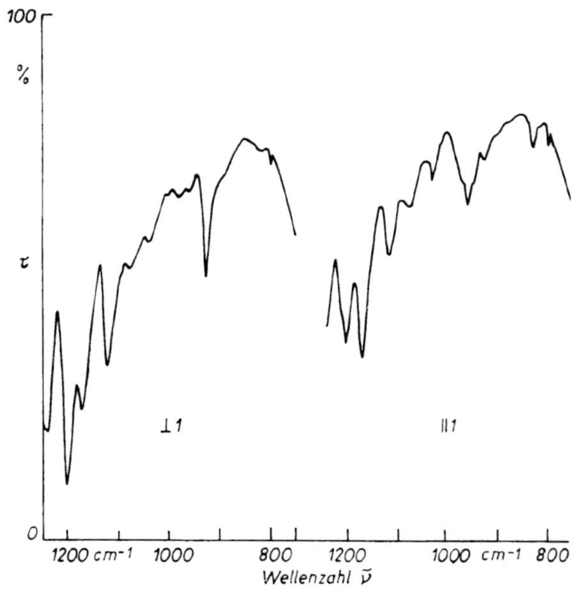

Bild 6. ATR-Spektren von gereckten Polyamid-6-Fasern mit senkrecht (⊥ 1) und parallel (∥ 1) zur Reflexionsebene polarisierter Strahlung. Die Faserachse liegt senkrecht zur Reflexionsebene. KRS-5-Prisma, $\theta = 45°$, d_z = 2,4 μm

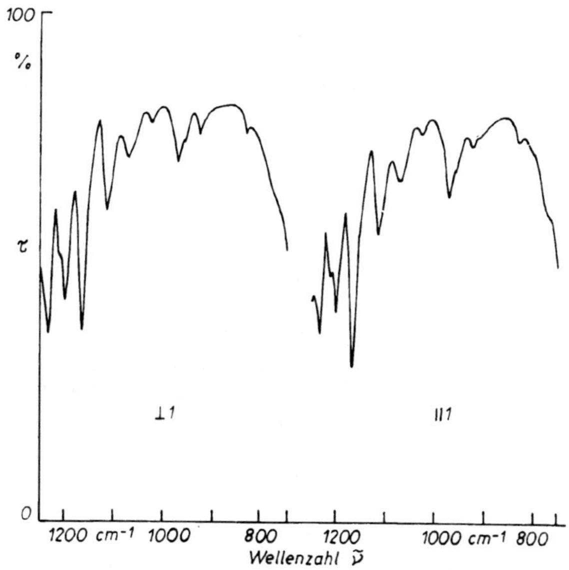

Bild 7. ATR-Spektren von ungereckten Polyamid-6-Fasern. Aufnahmebedingungen wie bei Bild 6

Faserforschung und Textiltechnik 25 (1974) Heft 1
Zeitschrift für Polymerforschung

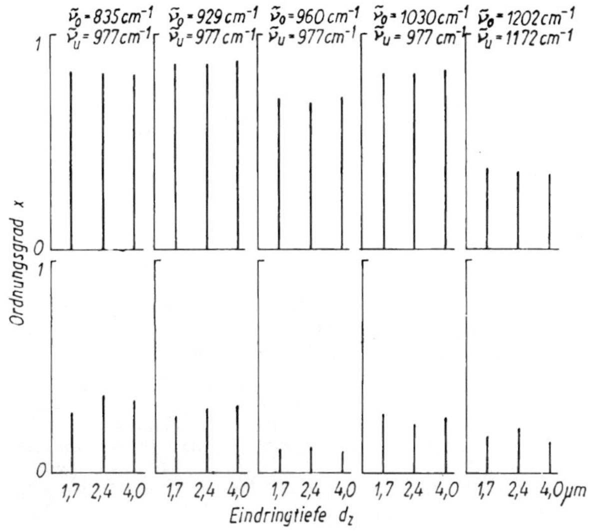

Bild 8. Ordnungsgrade von gereckten und ungereckten Polyamid-6-Fasern in Abhängigkeit von der Eindringtiefe

Grundlinienverfahren wurden die scheinbaren Extinktionen der strukturabhängigen Banden 1202, 1172, 1030, 977, 960, 929 und 835 cm^{-1} bestimmt und daraus mit den Gleichungen (2) bis (5) die Absorptionsindizes berechnet. Wegen der gegenseitigen Überlagerung der Absorptionsbanden ist die Grundlinie nicht immer willkürfrei festzulegen. Da es uns weniger auf Absolutwerte als auf die Feststellung von Änderungen des Ordnungsgrades ankam, wurde die Grundlinie stets so gewählt, daß die einzelnen Spektren untereinander verglichen werden können. Der Ordnungsgrad x wurde durch Kombination von jeweils einer Ordnungs- ($\tilde{\nu}_0$) und einer Unordnungsbande ($\tilde{\nu}_u$) mit Hilfe der Beziehung

$$x = \frac{1}{1 + \varepsilon'' \dfrac{\tilde{\nu}_u \varkappa_{\text{iso}}(\tilde{\nu}_u)}{\tilde{\nu}_0 \varkappa_{\text{iso}}(\tilde{\nu}_0)}} \tag{9}$$

berechnet. Über die Bestimmung der relativen Extinktionskoeffizienten ε'' wurde in der Arbeit [13] berichtet, in der auch die Problematik der ultrarotspektroskopischen Ordnungsgradbestimmung von Polyamiden diskutiert wurde. $\varkappa_{\text{iso}}(\nu)$ ist der Absorptionsindex einer äquivalenten isotropen Probe, der aus den gemessenen Absorptionsindizes über die Gleichung

$$\varkappa_{iso} = \frac{1}{3}(\varkappa_x + \varkappa_y + \varkappa_z) \tag{10}$$

erhalten wird.

Im Bild 8 sind die Ergebnisse für eine gereckte und eine ungereckte Polyamid-6-Faser in Blockdiagrammen dargestellt.

Wir konnten keine die Meßunsicherheit übersteigende systematische Änderung des Ordnungsgrades mit der Eindringtiefe feststellen, woraus folgt, daß im erfaßten Schichtdickenbereich die untersuchten Fasern keine Kernmantelstruktur hinsichtlich ihres Ordnungsgrades aufweisen. Der Durchmesser der Einzelfasern betrug 25 µm beziehungsweise 50 µm. Bei einer Eindringtiefe

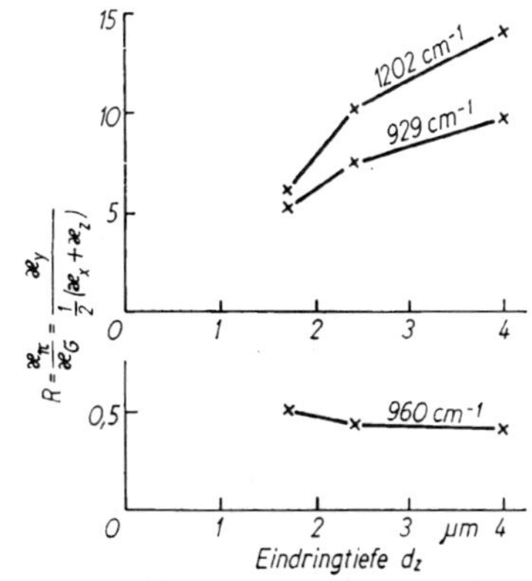

Bild 9. Dichroitisches Verhältnis einiger Absorptionsbanden der gereckten Polyamid-6-Faser in Abhängigkeit von der Eindringtiefe

von 4 µm werden etwa 50 beziehungsweise 30% des Faserquerschnittes erfaßt. Über die Struktur des darunter liegenden inneren Faserkerns läßt sich mit diesen Messungen nichts aussagen. Auf die Bedeutung der mit den verschiedenen Bandenkombinationen erhaltenen unterschiedlichen Ordnungsgrade wurde in der Arbeit [13] und in einer neueren Untersuchung von *Simak* [14] hingewiesen.

Außer dem Ordnungsgrad bestimmten wir das dichroitische Verhältnis einiger Absorptionsbanden (Bild 9), das mit der axialen Orientierung der Polymermoleküle zusammenhängt. Hier fanden wir eine deutliche Zunahme der Orientierung zum Faserinneren hin, die sich im Anstieg des Dichroismus der π-Banden 1202 und 929 cm^{-1} und in der Abnahme des Dichroismus der σ-Bande 960 cm^{-1} äußert.

5. *Zusammenfassende Diskussion*

Die Methode der inneren Totalreflexion bietet weiterreichende Möglichkeiten für spektroskopische Strukturuntersuchungen an Fasern als konventionelle Präparationsverfahren. Insbesondere kann der Absorptionsindex für senkrecht zur Probenoberfläche polarisierte Strahlung bestimmt werden. Die Strahlung wird nur in einer dünnen Oberflächenschicht absorbiert, deren Dicke von den Reflexionsbedingungen und von der Wellenlänge abhängt. Die Stärke der Wechselwirkung mit der Probe und die Intensität der im Reflexionsspektrum beobachteten Absorptionsbanden hängen von der Orientierung der Probe relativ zur Reflexionsebene und von der Polarisation der Strahlung ab. Bei Beachtung dieser Zusammenhänge lassen sich die Reflexionsspektren von anisotropen Proben und Fasern quantitativ auswerten. In dieser Arbeit wurde an den untersuchten Polyamidfasern bis zu einer Eindringtiefe von 4 µm keine Kernmantelstruktur hinsichtlich des Ordnungsgrades, aber eine deutliche Zunahme der Orientierung zum Faserinneren hin gefunden. Um auch in tiefere Schichten der Faser einzudringen, müßten die Messungen bei größeren Wellenlängen durchgeführt werden. In diesem Spektralbereich liegen aber bisher wenig Erfahrungen mit der inneren Reflexionsspektroskopie und über die Strukturabhängigkeit des Ultrarotspektrums vor.

Frau *M. Jüttner* danke ich für die sorgfältige Durchführung der experimentellen Arbeiten.

Literatur

[1] *Dechant, J.*: Ultrarotspektroskopische Untersuchungen an Polymeren. Berlin: Akademie-Verlag 1972.
[2] *O'Connor, R. T.*: Infrared absorption spectroscopy of cellulose and cellulose derivatives. Develop. appl. Spectr. **5** (1965) S. 129—156.
[3] *O'Connor, R. T.*: Instrumental analysis of cotton cellulose and modified cotton Cellulose. New York: Marcel Dekker 1972.
[4] *McCall, E. R.*, *Miles, S. H.*, und *O'Connor, R. T.*: Frustrated multiple internal reflectance spectroscopy of chemically modified cottons. Amer. Dyestuff Rep. **55** (1966) S. 400—404.
[5] *Loeser, E.*, und *Schütz, M.*: Eine einfache Methode zur infrarotspektroskopischen Analyse von Fasern und Geweben ohne besondere Präparationstechnik. Melliand Textilber. **47** (1966) S. 1412—1414.
[6] *Barr, J. K.*: Molecular orientation of fibers by polarized internal reflexion spectroscopy. Nature, London **215** (1967) S. 844.
[7] *Heidemann, G.*: IR-spektroskopischer Nachweis einer Kern-Mantel-Struktur bei Polyamiden. Chemiefasern **20** (1970) S. 204—208.
[8] *McGowan, R. J.*: Identification of textiles using attenuated total reflectance IR spectra. Colloquium Spectroscop. Internat., Heidelberg, Abstr. **2** (1971) S. 72—78.
[9] *Flournoy, P. A.*, und *Schaffers, W. J.*: Attenuated total reflection spectra from surfaces of anisotropic, absorbing films. Spectrochim. Acta **22** (1966) S. 5—13.
[10] *Harrick, N. J.*, und *DuPre, F. K.*: Effective thickness of bulk materials and of thin films for internal reflection spectroscopy. Applied Optics **5** (1966) S. 1739—1743.
[11] *Harrick, N. J.*, und *Carlson, A. I.*: Internal reflection spectroscopy: Validity of effective thickness equations. Applied Optics **10** (1971) S. 19—23.
[12] *Reichert, K. H.*: Anwendung der ATR-Methode zur infrarot-spektroskopischen Untersuchung von Mehrschicht-Anstrichfilmen. Farbe und Lack **72** (1966) S. 13—21.
[13] *Ruscher, Ch.*, und *Dechant, J.*: Über die Feinstruktur der Polyamide. IV. Bestimmung des Ordnungszustandes von Polycaprolactam durch Ultrarotspektroskopie. Faserforsch. u. Textiltechnik **15** (1964) S. 481—490.
[14] *Simak, P.*: Spektroskopische Untersuchung der kristallinen Modifikationen von Polyamid 6. Angew. makromol. Chemie, Basel **28** (1973) S. 75—85.

Eingegangen am 28. September 1973

Wolpryla 65 – Herstellung und Sortiment[1])

Waldemar Dohrn

VEB Chemiefaserkombinat „Wilhelm Pieck" Schwarza, Rudolstadt-Schwarza

DK 677.494.745.32:677.021.12:677.017.2/.8

Anhand eines Überblicks über die Weltproduktion von Polyacrylnitril-Faserstoffen wird die führende Stellung des Wolpryla-65-Verfahrens nachgewiesen. Seine wichtigsten Verfahrensstufen und seine Vorteile werden erläutert. Über das umfangreiche Sortiment der Wolpryla-65-Faserstoffe und ihre textilphysikalischen, chemischen und Verarbeitungseigenschaften sowie die laufende Weiterentwicklung wird berichtet.

Вольприла 65 — его производство и ассортимент

На основании данных о мировом производстве полиакрилонитрильных волокон показана ведущая роль способа „Вольприла 65". Описаны важнейшие технологические стадии процесса и его преимущества. Приведены данные о широком ассортименте волокон, получаемых по этому способу, их физико-механических и химических свойствах, перерабатываемости и непрерывном усовершенствовании процесса.

Wolpryla 65 — Production and Assortment

The leading position of the Wolpryla 65 process is demonstrated by a survey of the world production of polyacrylonitrile fibres. The most important process steps and their advantages are explained. The extensive assortment of different Wolpryla 65 fibres and their physical, chemical and processing properties as well as the trends of further development are described.

1. Einleitung

Unter den drei dominierenden Synthesefaserstoffen, den Polyester-, Polyamid- und Polyacrylnitrilfaserstoffen, sind die letzteren die in sich heterogenste Kategorie. Ihre einzelnen Typen unterscheiden sich material- und prozeßbedingt teilweise beträchtlich in den objektiven (Stoff- und Verarbeitungs-) und subjektiven (Repräsentations- und Gebrauchs-) Eigenschaften. Diese Entwicklung ist hauptsächlich darin begründet, daß bei den Polyacrylnitrilfaserstoffen in weit höherem Maße als bei anderen Synthesefaserstoffen die Material- und Prozeßparameter chemische und technologische Variationen erlauben bzw. erfordern, die schließlich zu etwa 20 voneinander unabhängigen und großtechnisch genutzten Produktionstechnologien in der Welt führten.

Nach vorläufigen Angaben betrug die Weltkapazität an Polyacrylnitrilfaserstoffen im Jahre 1972 etwa 1,35 Mill. t, wobei einzuschätzen ist, daß auf Grund des derzeitigen weltweiten Booms bei diesem Fasertyp die tatsächliche Produktion kaum wesentlich geringer gewesen sein dürfte. Der DDR-Anteil an dieser Entwicklung beträgt knapp 2%.

Die heute großtechnisch genutzten Polymerisations-, Spinn- und Lösungsmittelvarianten sind schematisch in Tabelle 1 dargestellt, wobei der Anteil der einzelnen Lösungsmittel an der derzeitigen Weltproduktion von Polyacrylnitrilfaserstoffen den in Tabelle 2 aufgeführten Schätzwerten nahekommen wird.

Ohne eine Wertung vornehmen zu wollen, darf man bei einem Vergleich der Trocken- und Naßspinntechnologie einschätzen, daß in den letzten zehn Jahren aus den verschiedensten Gründen ein Entwicklungstrend zugunsten des

[1]) Vorgetragen auf dem Wissenschaftlichen Kongreß „Technologie der Herstellung und Verarbeitung von Chemiefaserstoffen" anläßlich der Leipziger Herbstmesse am 5. 9. 1973.

Tabelle 1. Großtechnisch genutzte Polymerisations- und Spinnprinzipien sowie Lösungsmittel

Polymerisationsprinzip	Fällungspolymerisation						Lösungspolymerisation				
Spinnprinzip	trocken	naß					trocken	naß			
Lösungsmittel	DMF	DNF	DMA	ÄC	HNO_3	NaSCN	DMF	DNF	DMS	NaSCN	$ZnCl_2$

DMF — Dimethylformamid
DMA — Dimethylacetamid
DMS — Dimethylsulfoxid
ÄC — Äthylencarbonat

Tabelle 2. Anteil der einzelnen Lösungsmittel an der Weltproduktion von Polyacrylnitrilfaserstoffen

organische Lösungsmittel	70%
davon DMF	39%
DMA	27%
DMS	3%
ÄC	1%
anorganische Lösungsmittel	30%
davon NaSCN	18%
$ZnCl_2$	3%
HNO_3	9%

Naßspinnens ersichtlich ist, unabhängig von den aus beiden Verfahren resultierenden unterschiedlich qualitativen Faserstoffeigenschaften. Gerade das Naßspinnen, das heute bis auf ganz wenige Ausnahmen als Lösungsmittel/Wasser-Spinnverfahren angewendet wird, bietet in seinen verschiedenen technologischen Ausführungsformen zahlreiche Möglichkeiten zur Erzielung einsatzspezifischer Eigenschaften und zeichnet sich durch hohe Arbeitsproduktivitäten aus.

Diesem Trend wurde auch in den letzten Jahren in der DDR mit der Entwicklung der WOLPRYLA-65-Faser Rechnung getragen.

2. *Entwicklung von Wolpryla 65*

Etwa 1960 begannen in sozialistischer Gemeinschaftsarbeit zwischen dem damaligen Institut für Faserstoff-Forschung in Teltow-Seehof, dem heutigen Institut für Polymerenchemie der Akademie der Wissenschaften der DDR, dem VEB Filmfabrik Wolfen und dem VEB Chemiefaserwerk „Friedrich Engels", Premnitz, Grundlagenuntersuchungen zur Lösungspolymerisation von Acrylnitril in Dimethylformamid. Diese Untersuchungen bauten auf Grundlagenergebnissen des Instituts zur AN-Polymerisation auf und führten 1965 zur Errichtung einer 1-tato-Pilotanlage im Chemiefaserwerk Premnitz, in der das neu entwickelte Verfahren — Lösungspolymerisations-/Wasserspinntechnologie — technologisch erprobt und ausgewählte Faserstoffsortimente entwickelt wurden. Auf diesen Erfahrungen basierend, konnte in der Folgezeit eine 8,8-kt/a-Produktionsanlage projektiert werden. Durch Optimierung einzelner Verfahrensstufen erfolgte bei gleitender Projektierung während der Investphase eine Kapazitätssteigerung auf 12000 t/a, mit der die Anlage im II. Quartal 1970 in Betrieb genommen wurde. Die derzeitige Kapazität beträgt ca. 16000 t WOLPRYLA 65.

Das Grundprinzip der WOLPRYLA-65-Technologie besteht darin, durch Polymerisation der Monomeren im Lösungsmittel direkt spinnbare Lösungen zu erhalten, die nach dem DMF/Wasser-Spinnverfahren zu qualitativ hochwertigen Faserstoffen verarbeitet werden können. Für dieses junge und noch entwicklungsfähige Verfahren bestehen etwa 80 Schutzrechte in über 20 Ländern.

Neben dieser WP-65-Anlage werden in Premnitz noch ca. 6500 t WOLPRYLA ausschließlich als produktionsgefärbte Fasern in einer sogenannten Altanlage nach dem Hexantriolverfahren, einem klassischen Verfahren, produziert.

Es scheint an dieser Stelle wichtig, festzustellen, daß WOLPRYLA und WOLPRYLA 65 zwei grundverschiedene Acrylfasertypen sind, deren Unterschiede chemischer und technologischer Natur sind. WOLPRYLA basiert auf einem in den chemischen Werken Buna hergestellten Füllungshomopolymerisat, das in Premnitz nach Auflösen in Dimethylformamid nach dem Hexantriolspinnverfahren gesponnen und zu Stapelfasern verarbeitet wird. WOLPRYLA 65 hingegen ist ein Copolymerisat, das neben Acrylnitril Acrylsäuremethylester und eine farbstoffaffine saure Komponente enthält und in Dimethylformamid nach dem Prinzip der Lösungspolymerisation in Premnitz hergestellt wird, wobei unmittelbar spinnbare Lösungen erhalten werden. Diese Technologie zeichnet sich durch zahlreiche Vorteile hinsichtlich Investaufwand, Arbeitsproduktivität, Selbstkosten, Qualität usw. aus, deren Erläuterung diesen Rahmen sprengen würde.

3. *Herstellung von Wolpryla 65*

Die Produktionsanlage ist verfahrensbedingt in einen chemischen und einen textilen Teil mit kontinuierlichen Übergang unterteilt. Die in Tankwagen aus Schwedt, Buna und Leuna angelieferten Rohstoffe werden je nach Art unterirdisch bzw. in einem Freitanklager bevorratet und von hier kontinuierlich in den Produktionsprozeß eingeführt.

Die eingesetzten Monomeren, das Lösungsmittel sowie weitere erforderliche Hilfsstoffe werden kontinuierlich in die Polymerisationsreaktoren dosiert und nach erfolgter Polymerisation in Dünnschichtverdampfern zur unmittelbar spinnbaren Lösung aufkonzentriert (Bild 1). Auf diese Weise können mehrere arbeitskräfte-, energie- und investaufwändige Prozeßstufen gegenüber der klassischen Suspensionspolymerisation eingespart werden.

Die Überwachung der Anlage erfolgt in einer Meßzentrale, in der sämtliche Prozeßdaten zusammenfließen. Arbeiten, wie z. B. An- und Abstellen von Pumpen und Ventilen usw. erfolgen automatisch bzw. durch Fernbedienung. Über zwei Prozeßrechner

Bild 1. Reaktoren mit Blick auf Dünnschichtverdampfer

PR 2000 ist eine Regelung der Anlage möglich. Der Stofftransport in den einzelnen Prozeßstufen kann auf einem Leuchtschaltbild überwacht und kontrolliert werden, wobei das Überschreiten vorgegebener Grenzwerte optisch und akustisch signalisiert wird.

Der BMSR-Anteil einschließlich der Datenerfassungs- und -auswertungseinrichtungen an den Anlagengesamtkosten liegt bei 14,5% und bringt damit den hohen Automatisierungsgrad klar zum Ausdruck. Der Importanteil der gesamten Anlage liegt unter 1%.

Der chemische Teil der Anlage ist in zwei chemische Systeme unterteilt, in denen gleichzeitig und unabhängig voneinander zwei chemisch verschiedene Polymerisate hergestellt werden können.

Mit dem Spinnen der Lösung in das Spinnbad und der Koagulation der Fäden beginnen die Prozeßstufen, die den Textilfachmann interessieren. Die Anlage besteht aus vier parallel angeordneten Bandstraßen (Bild 2), wobei jeweils zwei Straßen von einem chemischen System gespeist werden. Pro Straße werden 16 Großlochdüsen eingesetzt, die vier Faserkabel ergeben, deren Gesamtstärke feinheitsabhängig ist. Die eingesetzten Spinndüsen des VEB Spinndüsenfabrik Gröbzig besitzen Bohrungszahlen bis 60000, wobei auch solche mit über 80000 Loch bereits erfolgreich getestet wurden.

Bild 2. Blick in das Spinnbad

Bild 3. Erste Reckstufe

Bild 4. Zweite Reckstufe

Bild 5. Kräuselmaschinen

Die aus dem Spinnbad austretenden Teilkabel werden zwischen Septett-Reckwerken bis max. 500% gereckt, in einer Waschkufenanlage vom restlichen Lösungsmittel befreit und in einer zweiten Reckstufe bis max. 150% nachgereckt (Bild 3). In dieser zweiten Reckstufe kann gleichzeitig die optische Aufhellung vorgenommen werden. Unmittelbar vor der zweiten Reckstufe besteht die Möglichkeit zur kontinuierlichen Gelfärbung mit anschließender Fixierung im Reckbad (Bild 4). Die in den Spinn-, Reck- und Waschbädern anfallenden Wasser/Lösungsmittel-Gemische, deren Temperaturen, Konzentrationen und Mengen von der Meßzentrale aus vollautomatisch geregelt werden, gelangen in eine einstufige Rektifikationsanlage, in der das Lösungsmittel Dimethylformamid destillativ getrennt und gereinigt sowie über das Rohstofflager in den Polymerisationsprozeß zurückgeführt wird. Nach der zweiten Reckstufe durchlaufen die Kabel eine 2-Komponenten-Badpräparation und werden über entsprechende Spannungsausgleichorgane in Siebtrommeltrockner eingeführt.

Nach dem Trocknen erfolgt die antistatische Ausrüstung nach den Leckwalzenprinzip. Über Führungsorgane werden die Kabel in linear angeordneten Kräuselmaschinen (Bild 5) gekräuselt und anschließend in Schachteln eingetäfelt.

Die Fasern werden pneumatisch in Ballenpressen gefördert, zu Hochdruckballen mit ca. 200 kg Masse gepreßt und im Tageslager zwischengelagert. Das in Stülpfaltschachteln eingetäfelte Konverterkabel kommt in Paletten zum Versand.

Alle eingesetzten Roh- und Hilfsstoffe sowie Zwischenprodukte in den verschiedensten Prozeßabschnitten werden in einem chemischen Betriebslabor einer ständigen Kontrolle und Überwachung unterzogen. Die Qualitätsbeurteilung und -einstufung der Finalprodukte durch die TKO erfolgt sowohl vor Ort durch Einschätzung und Bewertung des Kabellaufes auf und zwischen den Aggregaten sowie anderer Kriterien als auch in modern eingerichteten Textillaboratorien auf Basis der in den Standards oder analogen Vereinbarungen festgelegten Parameter. Weiterhin wird in der ATA des VEB Chemiefaserwerks „Friedrich Engels", Premnitz eine regelmäßige Verarbeitungsprüfung (z. T. bis zum Finalprodukt) durchgeführt und von der TKO zur Einstufung herangezogen.

Das war in stark vereinfachter Darstellung der technologische Werdegang von WOLPRYLA 65. Die Arbeitsproduktivität dieser Anlage liegt bei 60 t/a und Produktionsarbeiter; sie wird in dieser Höhe nach unserem Stand der Kenntnisse von keiner anderen Acrylfaseranlage erreicht.

Das Produktionsprogramm von WP 65 umfaßt z. Z.:

a) Fasern mit Feinheiten von 0,17, 0,34, 0,56, 0,88 und 1,7 tex und Stapellängen zwischen 38 und 120 mm.
b) Reißkonverterkabel mit Elementarfadenfeinheiten von 0,34 und 0,56 tex und Kabelstärken zwischen 54 und 72 ktex.

Die Produktion kann rohweiß, optisch aufgehellt, schneeweiß, pigment- oder gelgefärbt (in mehr als 40 Farben) erfolgen. Das derzeitige Feinheiten- und Stapellängenprogramm basiert im wesentlichen auf den Forderungen und technologischen Möglichkeiten der Weiterverarbeiter und ist nicht verfahrensbedingt. Es ist grundsätzlich auch möglich, andere als die genannten Feinheiten und Stapel herzustellen, wobei jedoch das generelle Bestreben aller Chemiefaserproduzenten, die Sortimentspalette aus Produktivitätsgründen möglichst klein zu halten, zu respektieren ist. Dennoch befinden sich ausgewählte Feinheitssortimente für spezielle Einsatzgebiete in Entwicklung, z. B. Feinheiten von 0,12 tex für feine Garne im Untertrikotagensektor bzw. Feinheiten bis zu 6 tex, z. B. für Synthesehaar.

Ungeachtet der erwähnten Einschränkung hinsichtlich der Sortimentspalette steht vor unseren Forschungs- und Entwicklungskollektiven die Aufgabe, für die Perspektive produktionswirksame Technologien und Verfahren vorzubereiten, um mit WOLPRYLA-65-Spezialsortimenten einen Beitrag zur weiteren Befriedigung der Bevölkerungsbedürfnisse zu leisten. Das Profil dieser Arbeiten ist im wesentlichen vom internationalen Entwicklungstrend für Acrylfaserstoffe der zweiten Generation abzuleiten und umfaßt z. B. solche Entwicklungslinien wie

permanent antistatisches Verhalten,
Schwerentflammbarkeit,
Verringerung der Anschmutzbarkeit,
Vervollkommnung der Aufmachungsformen,

um nur einige typische Beispiele zu nennen.

4. Eigenschaften von Wolpryla 65

Die WP-65-Faser liegt im Vergleich zu anderen handelsüblichen Acrylfasern bei allen textilphysikalischen, Struktur-, Verarbeitungs- und Gebrauchseigenschaften in der Spitzengruppe der untersuchten Werte und nimmt in einigen Parametern eine absolute Spitzenstellung ein.

Auf Grund der Verwendung einer auf die Erzielung vorteilhafter Fasereigenschaften abgestimmten Comonomerkombination lassen sich folgende Qualitätskriterien ableiten:

Universelle Anfärbbarkeit mit basischen Farbstoffen in allen Farbtönen bei sehr guten Licht-, Naß- und Trockenechtheiten und ausgezeichneter Farbbrillanz, färbbar weiterhin mit ausgewählten Dispersions- und Metallkomplexfarbstoffen.

Hoher Weißgehalt, der eine Verarbeitung der rohweißen Faser ohne vorheriges Bleichen gestattet.

Sehr gute Thermostabilität; ausgezeichnete Beständigkeit gegenüber Chemikalien.

Querschnittsformkonstante und kapillarfreie Faserstruktur bei hoher Faserdichte (Gesamtporenvolumen $< 0{,}015\ cm^3/g$) und optimalen Sorptionsvermögen.

Keine Erniedrigung des Umwandlungsbereiches zweiter Ordnung (60 bis 65 °C) durch das verwendete farbstoffaffine Comonomere.

Hervorragende Fäulnis-, Bakterien-, Motten-, Licht- und Wetterbeständigkeit.

Universelle Verarbeitbarkeit in der Textilindustrie (z. B. auch auf OE-Maschinen).

Gute Reiß-, Schlingen-, Scher- und Biegefestigkeit; günstige elastische Eigenschaften (elastische Erholung bei 2% Dehnung 80%), hohes Wärmerückhaltevermögen.

Gutes Schrumpfvermögen (für Hochbauschgarne; erreichbarer Kochschrumpf bei Kabelverarbeitung auf Reißmaschinen 20% (Dämpfschrumpf 23%); hohes Bauschvermögen, gute Formbeständigkeit und Repräsentationsgüte.

Mit diesen Eigenschaften ist die WP-65-Faser international jederzeit konkurrenzfähig. Ungeachtet dessen arbeitet ein großes Forschungskollektiv an der ständigen Verbesserung der faserspezifischen Verarbeitungs- und Gebrauchseigenschaften sowie auf Grund der steigenden Nachfrage an der Konzipierung neuer Produktionskapazitäten für die Jahre nach 1975. Das WP-65-Verfahren ist heute das einzige selbstentwickelte und großtechnisch genutzte Verfahren zur Herstellung von Acrylfasern im RGW-Bereich. Mit seiner Nutzung konnten kurzfristig eine vollständige Deckung des Inlandbedarfes an Acrylfasern erreicht und permanente Exportmärkte erschlossen werden. Im Zuge der zunehmenden Integration der sozialistischen Länder haben sich insbesondere mit der ČSSR als größtem Exportkunden feste Kooperationsbeziehungen entwickelt. Die DDR nimmt heute in der Pro-Kopf-Produktion von Acrylfasern einen vorderen Platz in der Welt ein. Diese Position zu festigen und weiter auszubauen ist im Interesse unserer Bevölkerung das gemeinsame Anliegen der Faserproduzenten und der weiterverarbeitenden Industrie.

Eingegangen am 25. September 1973

Wissenschaftliches Kolloquium anläßlich des fünfundzwanzigjährigen Bestehens des Instituts für Technologie der Fasern in Dresden der AdW der DDR

DK 677:061.3:061.62.001.6(430.2—73—21):"45—25"

Am 10. und 11. Oktober 1973 beging das Institut für Technologie der Fasern Dresden im Kreise zahlreicher Gäste — insbesondere des Präsidenten der Akademie der Wissenschaften der DDR, Prof. Dr. *Hermann Klare*, des Ministers für Wissenschaft und Technik, *Günter Prey*, der Vertreter von Partei- und Gewerkschaftsleitungen sowie weiterer Vertreter von Ministerien und territorialen staatlichen Einrichtungen, der Industrie, befreundeter Hoch- und Fachschulen sowie Direktoren und Mitarbeitern von verschiedenen Forschungseinrichtungen der AdW und der Industrie des Inlandes und der UdSSR — sein 25jähriges Bestehen, dessen Höhepunkt die Übergabe des im Institut für Kernphysik der Sibirischen Abteilung der Akademie der Wissenschaften der UdSSR entwickelten und gebauten Elektronenbeschleunigers ELT-1,5 an das Institut für Technologie der Fasern war.

Im Anschluß an die Begrüßung gab der Institutsdirektor, Prof. Dr.-Ing. habil. *Wolfgang Bobeth*, einen Überblick über die 25jährige Entwicklung des Institutes, das sich im Verlaufe seines Bestehens zu einer im In- und Ausland anerkannten Forschungseinrichtung entwickelt hat, was letztlich auch in der Auszeichnung des Instituts im Frühjahr 1973 mit der Wanderfahne des Ministerrates und des Bundesvorstandes des FDGB zum Ausdruck kam. Von Anbeginn war das Profil des Institutes durch eine enge Zusammenarbeit mit verschiedenen Bereichen der Industrie geprägt. Wenngleich sich in den vergangenen Jahren der Anteil der Naturwissenschaftler unter den Mitarbeitern maßgeblich erhöht hat, mißt das Institut nach wie vor der technologischen Forschung im Zusammenhang mit der Überleitung wissenschaftlicher Erkenntnisse in die Praxis hohe Bedeutung bei und konnte infolge der engen Verbindung zwischen Theorie und Praxis bereits eine Reihe bemerkenswerter Erfolge bei der Erhöhung des wissenschaftlich-technischen Niveaus der Produktion erzielen.

Besonders hervorzuheben ist die enge planmäßige Zusammenarbeit mit Forschungseinrichtungen der UdSSR, insbesondere dem Zentralen Wissenschaftlichen Forschungsinstitut der Baumwollindustrie in Moskau, dem Institut für Kernphysik der Sibirischen Abteilung der Akademie der Wissenschaften der UdSSR in Nowosibirsk und dem Allunionsforschungsinstitut für Glasfaserstoffe und Glasplaste in Krjukowo; weiterhin erfuhren die eigenen Forschungsarbeiten besondere Unterstützung und Förderung durch die vielseitigen Kontakte zu dem Institut für Hochenergiephysik Zeuthen und dem Zentralinstitut für Festkörperphysik und Werkstofforschung Dresden.

Auch in den zahlreichen offiziellen Gratulationen kamen die vielseitigen Beziehungen des Institutes für Technologie der Fasern Dresden zu anderen Forschungseinrichtungen der AdW und Industrie sowie zu Hoch- und Fachschulen, insbesondere dem Bereich Textiltechnik der Sektion Verarbeitungs- und Verfahrenstechnik der Technischen Universität Dresden, zum Ausdruck, die der Schlüssel für das vielseitige Wirksamwerden dieses Institutes sind.

Die sich anschließenden Vorträge gaben einen Abriß der Schwerpunkt-Forschungsaufgaben des Institutes, wobei aus Anlaß der Einweihung der Bestrahlungsstation die strahlentechnischen Forschungsarbeiten in größerer Breite vorgestellt wurden.

Dr.-Ing. *A. Heger*; Institut für Technologie der Fasern Dresden:
Nutzungsmöglichkeiten strahlenchemischer Verfahren bei der Herstellung von Faserstoffen und in der Textilveredlung

Durch Einwirkung energiereicher Strahlen (γ-Strahlen, Korpuskularstrahlen) auf flüssige, feste oder gasförmige Substanzen entstehen im Ergebnis der Primärreaktionen Radikale, die Polymerisation, Vernetzung, Pfropfcopolymerisation oder Abbau als Sekundäreffekte zur Folge haben können, die nachfolgend im Detail erläutert wurden. Als Besonderheit der strahlenchemischen *Polymerisation* gegenüber der klassischen Polymerisation wurde hervorgehoben, daß erstere auch bei extrem niedrigen Temperaturen ablaufen kann. Demzufolge sind spezielle Struktureffekte erreichbar, wenn das Monomere zusammen mit einem Lösungsmittel vor dem Bestrahlen zum kristallinen Erstarren gebracht und nach der Polymerisation das Lösungsmittel entfernt wird. Hierbei eröffnet sich die Möglichkeit, Polymerbildung aus der Lösung, Verformung und evtl. Weiterverarbeitung in einer Stufe zu vereinigen, eine attraktive Arbeitsrichtung, bis zu deren technischen Nutzung allerdings noch zahlreiche Grundlagenprobleme zu den Struktur-Eigenschaftsbeziehungen und verfahrenstechnische Aufgabenstellungen zu lösen sind. Durch strahlenchemische *Vernetzung*, ggf. in Gegenwart polyfunktioneller Monomerer, können markante Eigenschaftsverbesserungen (z. B. Erhöhung des Schmelzpunktes, Reduzierung der Löslichkeit, Erhöhung von Zug- und Abriebfestigkeit) erzielt werden. Als bereits technisch realisierte Anwendungsbeispiele wurden die Herstellung von Schrumpffolien für Verpackungszwecke, Schrumpfmuffen für die Elektroindustrie und die Harzhärtung hervorgehoben. Äußerst vielfältig kann das Verfahrensprinzip der strahleninduzierten *Pfropfcopolymerisation* zur Eigenschaftsmodifizierung textiler Faserstoffe eingesetzt werden, wobei auf die detaillierten Ausführungen weiterer Referenten verwiesen wurde. Die Verbesserung der Spleißfähigkeit von Polyolefin-Folien und die Möglichkeit der Herstellung von Spaltfolien mit gekräuselten Elementen durch strahlenchemische Erzeugung eines Strukturgradienten über den Foliequerschnitt wurde beschrieben. Abschließend wurde auf ökonomische Aspekte eingegangen und die Notwendigkeit der Schaffung breiter, über die Ländergrenzen hinausreichender Kooperationsbeziehungen bei der angewandten Forschung und Verfahrensentwicklung hingewiesen, die Voraussetzung für eine reibungsarme Überführung der Forschungsergebnisse in die sozialistische Praxis ist.

Dr. sc. *R. Barthel*; Institut für Technologie der Fasern Dresden:
Glasseiden-Verbundfäden

Glasseiden-Verbundfäden sind im Gegensatz zu den glasfaserverstärkten Plasten durch einen hohen Glasanteil ($>$ 70 bis max. 95%) gekennzeichnet, weshalb für dieses Material der Anteil der organischen Substanz im Verbund als charakteristisches Merkmal angegeben wird. Zweck der Glasseiden-Verbundfadenherstellung ist zusätzlich zur Ausnutzung der spezifischen Glasseideneigenschaften die Simulierung der Fadeneigenschaften organischer Fäden durch Verminderung der Reibung der Elementarfäden aneinander, Verbesserung der Übertragung von Schubspannungen zwischen den Elementarfäden zur Erhöhung der Substanzfestigkeitsausnutzung, Erzielung einer guten Haftung zwischen Verbundfaden und Elastomer-Matrix bei Verwendung als Cordeinlage, was durch optimale Ausbildung der Grenzflächen Glas/Zwischenmatrix und Zwischenmatrix/Elastomer-Matrix erreicht wird. Zusammenhänge zwischen technologischen Parametern, morphologischen Elementen und Eigenschaften wurden erläutert. Dieser Vortrag wird vollinhaltlich an anderer Stelle in dieser Zeitschrift erscheinen.

Dr.-Ing. Dr. rer. oec. *G. Wiedemann*, Dr. rer. nat. *H. Frenzel*; Institut für Technologie der Fasern Dresden:
Zur Chemie und Applikation organofunktioneller Silane bei der Veredlung von Glasseidengeweben

Aufgabe der Glasseidenveredlung ist es, optimale Faserstoff-Harz-Bindungsverhältnisse zu schaffen, die sowohl zur Glasoberfläche als auch zum organischen Polymeren feste und beständige Bindungen ausbilden, wofür die organofunktionellen Alkoxysilane besonders geeignet sind. Die Wechselwirkungen an den Grenzflächen Haftvermittler/Polymeres und Haftvermittler/Glas wurden analysiert. Die Verbesserung der Haftfestigkeit, der Biege-, Druck- und Scherfestigkeit bzw. -arbeit, des Spannungs-Dehnungsverhaltens sowie der E-Moduli zeigt, welche hohe Bedeutung der optimalen Gestaltung dieser Grenzflächen zukommt. Außerdem stabilisieren Silanveredlungen den Verlauf der relativen Dielektrizitätskonstante über steigender Luftfeuchte bzw. bei Wasserlagerung und verbessern den spez. Durchgangswiderstand im trockenen Zustand. Für Polyesterharzverbunde wurde Methacrylsilan und für Phenolharzverbunde Silane mit mehreren Aminogruppen als Optimalvertreter genannt. Auf die verminderte Benetzbarkeit der silanisierten Glasseiden wurde hingewiesen und eine Möglichkeit zur Verminderung dieses Mangels durch Kombination von Silanen und Phenolderivaten diskutiert. Schließlich wurde auf die Problematik der Verbesserung der Temperaturwechselbeständigkeit der Bindemittelphase im Hinblick auf die Herstellung von Mehrlagenleiterplatten eingegangen.

Dr. rer. nat. *H.-J. Jacobasch*, Dr. rer. nat. *I. Grosse*; Institut für Technologie der Fasern Dreden:
Einfluß der Oberflächeneigenschaften von Faserstoffen auf das Gebrauchsverhalten von Textilien.

Zu den Oberflächeneigenschaften von Faserstoffen zählen Oberflächenmorphologie, Oberflächengröße, Porosität, chemische Konstruktion der Oberflächenschicht und Adsorptionsschichten, die sich auf viele Eigenschaften daraus hergestellter textiler Erzeugnisse wie Transparenz, Glanz, Reibung, mechanisch-technologische Eigenschaften, Adsorptionsvermögen und elektrostatische Aufladung auswirken. Durch vergleichende Untersuchung der Wasserdampfadsorption in Abhängigkeit vom Dampfdruck zur Ermittlung der Porengrößenverteilung im Faserstoff und Zeta-Potentialmessungen zur Bestimmung der Summe der vom Faserstoff ausgehenden Haftkräfte kamen die Autoren zu dem Schluß, daß die geringere Schmutzaffinität hydrophiler Faserstoffe gegenüber hydrophoben synthetischen Faserstoffen auf der Absättigung der vom Faserstoff ausgehenden Haftkräfte durch Wasseradsorption beruht; ein analoger Effekt liegt auch der schmutzabweisenden Wirkung einer Ausrüstung z. B. von PA-Faserstoffen mit Zirkon- oder Aluminium-Salzen oder der Behandlung von PVY-Faserstoffen mir kationaktiven Tensiden zugrunde. Dagegen bestehen zwischen Oberflächenrauhigkeit und elektrostatischer Aufladung einerseits und Schmutzaufnahmeneigung andererseits sowie zwischen Hydrophilie und elektrostatischer Aufladung keine eindeutigen Zusammenhänge; letztere ist vielmehr von der chemischen Struktur der Oberflächenschicht abhängig, die die Donator/Akzeptor-Wirkung bestimmt.

Dr. *V. D. Orechov*, Ing. *R. P. Gomozova*, Ing. *E. V. Korableva*, Dr. *K. D. Pismannik*; Zentrales Wissenschaftliches

Wissenschaftliches Kolloquium anläßlich des fünfundzwanzigjährigen Bestehens des Instituts für Technologie der Fasern in Dresden der AdW der DDR

Forschungsinstitut der Baumwollindustrie Moskau:
Strahlenchemische Modifizierung von Baumwollgeweben

Eingangs wurden die Vorteile der strahlenchemischen Pfropfcopolymerisation gegenüber der chemischen Initiierung durch Katalysatoren — hoher Ausnutzungsgrad des Monomeren infolge geringerer Homopolymerisation, geringerer Festigkeitsabfall und vielseitige Anwendbarkeit in der Textilveredlung — erläutert. Die Simultanmethode zur Pfropfcopolymerisation von Baumwollgeweben mit Kupferacrylat zur Erzielung bakteriostatischer und bakteriozider Eigenschaften wurde beschrieben. Die unterschiedliche Abhängigkeit der Homo- und Copolymerisationsgeschwindigkeit von der Dosisleistung bedingt, daß bei Dosisleistungen von 20 bis 100 krd/s die Pfropfcopolymerisation nahezu ohne Homopolymerisatbildung abläuft. Auf Grund der hohen Leistungsfähigkeit der für einen strahlenchemischen Veredlungsprozeß in Betracht kommenden Elektronenbeschleuniger wird die Arbeitsgeschwindigkeit nicht durch die Bestrahlungsgeschwindigkeit, sondern durch die Mindesttränkdauer begrenzt. Die nach der beschriebenen Methode veredelten Baumwollgewebe sind für Berufskleidung in der Lebensmittelindustrie und in der medizinischen Betreuung, Bettwäsche in Krankenhäusern und öffentlichen Einrichtungen sowie für Verpackungsmaterial für medizinische Instrumente vorgesehen. Die hohe Beständigkeit dieser Eigenschaftsmodifizierung gegenüber wiederholten Waschbeanspruchungen wurde nachgewiesen.

Dr. rer. nat. *E. Patitz*, Dr.-Ing. *M. Stephan*, Dr.-Ing. *L. Vollrath*, Dr. rer. nat. *F. Wittig*, *R. Fischer*; Institut für Technologie der Fasern Dresden:
Strahlenchemische Modifizierung von textilen Flächengebilden aus Polyamidfaserstoffen

Obwohl von führenden Chemiefaserstoffherstellern eine Reihe modifizierter Produkte angeboten werden, ist die großtechnische Herstellung von modifizierten Produkten mit permanenten Eigenschaftsverbesserungen noch immer ein offenes Problem. Diese Lücke soll das entwickelte Verfahren zur strahlenchemischen Pfropfcopolymerisation von Polyamid mit Acrylsäure und anschließende Versalzung mit Na-Ionen schließen helfen. Ziel dieses Verfahrens ist eine permanente antistatische Ausrüstung und die Verbesserung der Bekleidungsphysiologie. Gleichzeitig werden Knittererholung im nassen Zustand, Anschmutzverhalten, Schmutzauswaschbarkeit und färberisches Verhalten positiv verändert, ohne daß andere für das Gebrauchsverhalten wichtige Eigenschaften unter die zulässigen unteren Grenzen der TGL-Vorschriften abgesenkt werden. Die Wirkungsweise wichtiger Verfahrensparameter auf den Pfropfeffekt wurde erläutert. Die modifizierten Materialien sind für Untertrikotagen, Blusen-, Oberhemden-, Kleider- und Futterstoffe vorgesehen. Abschließende Ergebnisse der Trageversuche liegen zwar noch nicht vor, jedoch scheint die Modifizierung nur einer Lage der verschiedenen Bekleidungsschichten nicht ausreichend zu sein.

Dr. rer. nat. *D. Putzger*; Institut für Technologie der Fasern Dresden:
Elektronenresonanzspektroskopische Untersuchungen an bestrahltem Polyamid

Der Referent berichtet über Elektronenspinresonanzuntersuchungen, mit deren Hilfe das Radikalabklingverhalten von mit 1 MeV-Elektronen bestrahlten Polyamidfaserstoffen unter verschiedenen Umgebungsbedingungen ermittelt wurde. Aus der Radikalbildungskurve wurde zunächst der G-Wert der Radikalbildung für bestrahltes Polyamidseidengewirke zu 0,1 Radikale pro 100 eV absorbierter Energie bestimmt. Bei Aufbewahrung der Prüflinge an Luft bei Zimmertemperatur waren nach 2 h nur noch 10% der ursprünglichen, unmittelbar nach der Bestrahlung vorhandenen Radikalmenge nachweisbar. Bei Kontaktierung mit einer Acrylamidlösung bei 25°C klingen die Radikale sehr viel schneller ab als in Luft und offenbar auch in Wasser; dieser Prozeß verläuft bei Pfropftemperaturen von 40°C schneller als bei 25°C. Bei gepfropft bestrahltem Polyamidseidengewirke läßt ein erneuter Pfropfprozeß die Radikale noch rascher abklingen als bei bestrahltem und anschließend gepfropftem Material.

Der Vortrag wird an anderer Stelle in dieser Zeitschrift veröffentlicht.

Dr.-Ing. *B. Ihme*, Dr.-Ing. *M. Stephan*; Institut für Technologie der Fasern Dresden:
Strahlenchemische Modifizierung von Polyacrylnitrilfaserstoffen

Die Autoren berichteten über Arbeiten, die sie im Bereich Textiltechnik der Sektion Verarbeitungs- und Verfahrenstechnik der Technischen Universität Dresden durchgeführt haben. Ziel dieser Arbeiten war ebenfalls die Verbesserung der Hydrophilie, des antistatischen Verhaltens und der Anfärbbarkeit. Zur Erhöhung der Monomerendiffusion in den Faserstoff wurde ein spezielles Trocknungsverfahren nach dem Erspinnprozeß angewendet, bei dem das Wasser über eine Alkoholreihe gegen n-Pentan ausgetauscht und der Faserstoff anschließend getrocknet wurde. Da die Kontraktionskräfte beim Trocknen der Oberflächenspannung der auszutrocknenden Flüssigkeit direkt proportional sind, erhält man mit diesem Austauschverfahren eine poröse Faserstruktur mit einem Porendurchmessermaximum bei 100 bis 150 Å. Die Poren dieser sog. Austauschfaser sind für Veredlungssubstanzen zugänglich und werden erst bei der nachfolgenden Trocknung geschlossen (Strukturkollaps). Die strahlenchemische Modifizierung erfolgte nach der Vorbestrahlungsmethode unter Ausnutzung der gebildeten Peroxidradikale, so daß eine zeitliche und räumliche Trennung von Bestrahlungs- und Pfropfprozeß möglich sind. Der Einfluß von Temperatur und Konzentration der Monomerenlösung sowie Pfropfzeit auf den Pfropfgrad einerseits sowie des Pfropfgrades auf die Änderung der Reißlänge, der Feuchteaufnahmefähigkeit und des Anschmutzverhaltens andererseits wurden diskutiert.

Dr.-Ing. *L. Vollrath*, Dr. rer. nat. *E. Patitz*, *B. Paetzold;* Institut für Technologie der Fasern Dresden:
Mikroskopische Untersuchungen zum Nachweis der Intensität und Gleichmäßigkeit der Copolymerisatbildung im Elementarfaden

Es wurde sowohl über licht- als auch elektronenmikroskopische Untersuchungen an mit Acrylamid gepfropften Polyamidseidengewirken berichtet. Die Untersuchungen erfolgten vorwiegend an Elementarfadenquerschnitten. Die Durchmesserzunahme bei Quellung in Wasser bei Zimmertemperatur ist nur bedingt aussagefähig. Bei Einwirkung verdünnter Schwefelsäure werden ungepfropfte Bereiche und Bereiche mit niederem Pfropfgrad an ihrer höheren Löslichkeit erkannt. Differenzierungen nach der Farbtiefe sind bei der Einwirkung von alkoholischer Cl/Zn/J-Lösung bzw. Cl/Zn/J-Lösung nach Erwärmung zu beobachten: ungepfropfte Bereiche werden braun gefärbt, während die gepfropften Bereiche entsprechend ihrem Pfropfgrad heller erscheinen. Weiterhin wurde über unterschiedliche Sekundärfluoreszenzeffekte berichtet, die nach Anfärbung mit einem Fluorchromfarbstoff auf Grund der höheren Farbstoffaffinität des Pfropfcopolymeren erkannt werden können. Elektronenmikroskopische Untersuchungen stellen eine wertvolle Ergänzung zu den lichtmikroskopischen Untersuchungsergebnissen dar, zumal sie auch quantitative Aussagen zulassen.

Prof. Dr.-Ing. habil. *W. Bobeth*, Dr.-Ing. *H. Päßler*, Dr.-Ing. *A. Heger*, Ing. *S. Päßler*; Institut für Technologie der Fasern Dresden:
Strahlenchemische Partialmodifizierung textiler Flächengebilde

Durch geschickte Kombination von strahlenchemischen Grundlagenerkenntnissen und speziellen technischen Varianten der Prozeßführung bei der strahleninduzierten Pfropfcopolymerisation ist es möglich, lokale strahlenchemische Modifizierungseffekte zu erzielen, die auf Grund der unterschiedlichen Anfärbbarkeit von Homo- und Pfropfcopolymeren zur Farbmusterung, des unterschiedlichen Schrumpfvermögens von ungepfropftem und gepfropftem Material zur Erzielung von Struktureffekten oder wegen der mit der Pfropfcopolymerisation in Zusammenhang stehenden Querschnittsvergrößerung zur mustergemäßen Differenzierung der Transparenz der betreffenden Flächengebilde ausgenutzt werden können. Aus der Vielzahl der möglichen Varianten wurden die folgenden Prinzipien zur Erzielung einer lokalen Pfropfcopolymerisation herausgegriffen und diskutiert:

1. homogene Bestrahlung, partielle Radikalzerstörung (Heizwalze),
2. homogenes Tränken, partielle Bestrahlung,
3. partielle Bestrahlung, Tränken mit der Monomerlösung.

Die Ergebnisse von Laboruntersuchungen an PA-Geweben und -Gewirken nach dem Prinzip 1 zur Klärung des Einflusses von Heizwalzentemperatur, Kontaktzeit, Verweilzeit zwischen Bestrahlen und Pfropfbeginn, Konzentration und Temperatur der Monomerlösung sowie Pfropfzeit auf die Ausbildung des Struktureffektes wurden mitgeteilt. Eine zur Durchführung kleintechnischer Versuche nach diesem Verfahrensprinzip geeignete Versuchsapparatur wurde bei der Einweihung der Bestrahlungsstation am Vortage in Funktion gezeigt.

Dr.-Ing. *H. Martin*, Dr.-Ing. *L. Vollrath*; Institut für Technologie der Fasern Dresden:
Textilphysikalische Kenngrößen zur Charakterisierung von strahlenchemischen Modifizierungseffekten

Zur exakten Beurteilung der erzielten Eigenschaftsänderungen bei der Pfropfcopolymerisation und zur Vermeidung von Fehlschlüssen in fachlichen Diskussionen ist es wichtig, daß Definitionen der angewandten Begriffe und angewendete Prüfbedingungen genau bekannt sind. Die Begriffe Pfropfgrad, relative Massezunahme durch das Pfropfen und Feuchteaufnahme der gepfropften Proben wurden erläutert sowie eine allgemein verständliche Symbolbeschreibung angegeben. Weiterhin wurden die Aussagefähigkeit aus dem Zugversuch ableitbarer Materialkenngrößen — Reißkraft des Prüflings F_H, Reißkraft bezogen auf die tragenden Maschenstäbchen bzw. Maschenreihen bei Maschenwaren f_Z bzw. Reißkraft bezogen auf die tragenden Fäden bei Geweben $R_{H,tF}$, Reißkraft des Prüflings $R_{H,Pr}$ und Nenn-Reißspannung $\delta_{N,H}$ — vergleichend betrachtet und ihre unterschiedliche Aussagefähigkeit bewertet.

Ing.-Phys. *V. A. Gorbunov*; Institut für Kernphysik der Sibirischen Abteilung der Akademie der Wissenschaften der UdSSR, Dr.-Ing. *A. Heger*, Dipl.-Ing. *H. Dorschner*; Institut für Technologie der Fasern Dresden:
Bericht über die Bestrahlungsstation des Instituts für Technologie der Fasern Dresden mit dem Elektronenbeschleuniger ELT-1,5 aus Nowosibirsk

Zunächst wurde Aufbau und Wirkungsweise des Elektronenbeschleunigers erläutert. Das System der Hochspannungserzeugung wird über einen steuerbaren Transformator einphasig aus dem 380 V/50 Hz-Netz gespeist. Die aus einer Lanthan-Borid-Kathode austretenden Elektronen werden in das 1,8 m lange Beschleunigungsrohr abgesaugt und dort beschleunigt. Am unteren Ende des Beschleunigerrohres erreichen sie ihre maximale Geschwindigkeit und gelangen in die Ablenkspule, durch die der Elektronenstrahl mit einer annähernd konstanten Geschwindigkeit bei einer Frequenz von 2 kHz über das aus einer 50 µm dicken Titanfolie bestehende Strahlenaustrittsfenster von 2,5 m Breite bewegt wird. Die Beschleunigungsspannung ist zwischen 0,45 und 1,5 mV einstellbar. Die Impulsfrequenz ist gleich der Netzfrequenz, so daß sich eine Periodendauer von 20 ms und eine Impulsdauer von 7 ms ergibt. Es wurde gezeigt, daß auch mit einem Impulsbeschleuniger eine homogene Bestrahlung möglich ist. Eine Dosishomogenität von 99% ist theoretisch erreichbar, wenn ein Warenelement von 6 Impulsen getroffen wird, was durch entsprechende Einstellung der Elektronenstrahlbreite in Transportrichtung und der Transportgeschwindigkeit der Ware erreicht wird. Die erreichbare Strahlleistung ist von der gewählten Beschleunigungsspannung abhängig. Die maximale Strahlleistung von 18 kW im Dauerbetrieb bzw. 23 kW im Kurzzeitbetrieb wird bei einer Beschleunigungsspannung von 1,05 MV erreicht.

Weiterhin wurde auf die verschiedenen Transportsysteme in der Bestrahlungsstation eingegangen, die wahlweise die Bestrahlung von Stückgut auf 1 × 1 m großen Aluminiumplatten (0,3 bis 5 m/min), von Warenbahnen bis zu 2 m Breite (0,6 bis 20 m/min) sowie biegesteifen Platten bis zu 2 m Breite erlaubt.

Dr. rer. nat. *H.-J. Heinrich*; Zentralinstitut für Festkörperphysik und Werkstofforschung Dresden:
Dosisfehler und Dosisverteilungen bei Bestrahlung mit Elektronenbeschleunigern

Elektronenbeschleuniger gestatten die kontinuierliche Durchführung strahlenchemischer Modifizierungsverfahren bei wirtschaftlich vertretbaren Preisen. Die erreichten Materialbeeinflussungen sind in hohem Maße von der eingestrahlten Dosis abhängig, weshalb die genaue Kenntnis der Dosisinhomogenitäten im Bestrahlungsgut wichtig ist, die durch räumlich inhomogene Strahlungsfelder, zeitlich inhomogene Strahlung bei Impulsbeschleunigern und die Tiefendosisverteilung bedingt sind. Die Dosismessung kann nach verschiedenen Methoden erfolgen, z. B. Berechnung aus den Einstellparametern des Elektronenbeschleunigers, kalorimetrische Messungen, spektrofotometrische Messung der Änderung der Cer-(IV)-Ionenkonzentration einer Cersulfatlösung, Veränderung der Löslichkeit von Polyäthylen, Veränderung der optischen Parameter einer blau gefärbten Zellophanfolie sowie Farbänderung in Farbstoff-Festkörperdosimetern auf Polystyrolbasis. Bezogen auf die Ergebnisse der kalorimetrischen Meßmethode treten bei den genannten Meßmethoden Abweichungen der ermittelten Energiedosis von $\pm$ 8% auf. Der Einfluß der Elektronenenergie und des Abstandes des Bestrahlungsgutes von dem Scannerfenster auf die Form der Gaußverteilung der Dosis in Materialdurchlaufrichtung, der Einfluß des zeitlichen Verlaufes der Intensität des Ausfächerstromes auf die Dosisverteilung quer zur Materialdurchlaufrichtung, die zusätzlich wirkenden Einflüsse — Geschwindigkeit der Probe, Impulsdauer, Impulsbreite und Verteilung des Fächerfeldes — bei Impulsbeschleunigern auf die Dosisverteilung längs und quer zur Materialdurchlaufrichtung sowie der Einfluß von Elektronenenergie und Dichte des Bestrahlungsgutes auf die Dosisverteilung in Strahldurchlaufrichtung wurden diskutiert. Speziell zur Beschreibung der Tiefendosisverteilung wurde eine mathematische Formel angegeben, deren sehr gute Übereinstimmung mit den experimentellen Werten nachgewiesen wurde. Auf Möglichkeiten der Verbesserung der Dosishomogenität in Bestrahlungsrichtung durch Zweiseitenbestrahlung bei Platten oder Vierseitenbestrahlung bei Rohren u. dgl. wurde hingewiesen.

Annerose Mally

Neue Bücher

Papers presented at the second Shirley International Seminar „New Fibers and textiles“ vom 29. 9. bis 1. 10. 1970 in Manchester, mit Supplement. Veröffentlicht von „The Cotton Silk and Man-made-Fibers Res. Ass., Shirley Institute“, Dielsbury, Manchester/England. Einzelne Seitenzählung. Geheftet.

Der vorliegende Symposiumsband enthält die auf der vom Shirley-Institut 1970 veranstalteten internationalen Tagung gehaltenen 26 Vorträge, die den 400 Teilnehmern (darunter 150 ausländische Gäste) einen breiten Überblick über die neuesten Entwicklungen auf dem Faserstoff-Gebiet gegeben haben. Es wurden durch die Vortragenden sowohl neue Produkte als auch neue Verfahren vorgestellt und gleichermaßen organische wie auch anorganische Fasern behandelt. Über einige wesentliche Vorträge soll im folgenden berichtet werden.

D. M. Jones, England:

„Ein kritischer Überblick über neue Textilentwicklungen“

In seinem Vortrag gab der Autor eine kritische Einschätzung neuer Fasern, Verfahren und textiler Erzeugnisse. Bei den neuen Fasern zeichnen sich drei Entwicklungsrichtungen ab, und zwar die Einführung neuer synthetischer Fasern für spezifische Verwendungszwecke (z. B. Temperaturbeständige Fasern), die Modifizierung vorhandener Fasern und die chemische Modifizierung von Baumwolle und Wolle mit dem Ziel der Änderung und Anpassung ihrer Gebrauchseigenschaften. Ausführlich wurden dann die Fasern Quiana, Chinon (modifizierte Proteinfaser), Anin, Nylon 4, einige modifizierte bzw. hochschrumpfende Polyestertypen, Bikomponentenfasern sowie einige Viskosefasern beschrieben. Bezüglich der neuen Verfahren wurden die Vliesbildungstechnik sowie neue Spinnverfahren (z. B. open-and-Spinnen) behandelt und schließlich wurden neue Einsatzzwecke für konventionelle und neue Fasern vorgestellt, z. B. im Bauwesen, für Verbundwerkstoffe, im Maschinenbau, für Isolierungszwecke, für Wasserentsalzung und Medizin.

I. W. S. Hearle, England:

„Struktur von Chemiefasern“

Vorgetragen wurde über eine Gliederung der Faserstruktur, die mittels eines dreiachsigen Koordinatensystems (Ordnungsgrad, Grad der räumlichen Ordnungs-Unordnungs-Verteilung, Längen-Breiten-Verhältnis der Struktureinheiten) die Darstellung aller Strukturparameter erlaubt.

Mit Hilfe dieses Modells wurde dann eine Strukturklassifizierung verschiedener Chemiefasern vorgenommen (Viskose, Polyamid, Polyester, Polyacrylnitril). Vom Referenten wurde betont, daß die alte Vorstellung des kristallin-amorphen Ordnungszustandes bei weitem nicht mehr ausreicht, um die heute bekannten Strukturparameter deuten zu können. Andererseits gibt es heute kein universelles Modell, daß in vollem Umfange die Einordnung aller Fakten zuließe. Die Anwendung der Computertechnik könnte auch hier Ausgangspunkt für einen weiteren Erkenntnisgewinn werden.

K. West, England:

„Geschweißte Textilien“

Vorgestellt wurde die Polyamid-Kernmantelfaser HETEROFIL und deren Einsatz zur Herstellung von Teppichen, Polsterstoffen, Kleider- und Futterstoffen. Die Herstellung erfolgt durch Vernadelung von Faservliesen und die Schmelzverfestigung durch Hitzebehandlung. Verfahren zur Herstellung und Prüfung der erhaltenen Produkte werden beschrieben, und auf die Möglichkeiten der Musterung und Färbung wird näher eingegangen. Der Einsatz auf dem Oberbekleidungssektor befindet sich in Entwicklung; Mischungen mit Cellulosefasern sind möglich.

D. L. Shealy, USA:

„Die Entwicklung neuer Fasern und Schichtstrukturen“

Von Du Pont wurde 1965 die „Spunbonded“ Technik eingeführt und die Typen Reemay (Polyester), Typar (Polypropylen) und Tyvek (Polyäthylen) entwickelt. Der Vortrag beschreibt Problem der Herstellung und des Einsatzes für bestimmte Spezialzwecke. Ausführlich wurden Eigenschaften und Verhalten der Nomex-Faser diskutiert. Neue Einsatzgebiete wie Bekleidungssektor, Teppich- und Dekorationssektor, Nomexpapier für Transformatoren, Motoren- und Flugzeugbau.

J. E. Ford, England:

„Textilien aus Filmen“

Der Vortrag geht im einzelnen auf die Folienherstellung sowie auf die Gewinnung von Spaltfasern aus Folien ein. Als Ausgangspolymeres wird speziell die Eignung von Polyäthylen und Polypropylen erörtert. Technologische Einzelheiten, Möglichkeiten der Verbesserung der Anfärbbarkeit, der Licht- und Temperaturstabilisierung werden dargestellt. Die Einsatzmöglichkeiten der Folien und Splitfasern für die Herstellung von Säcken, Ballenverpackungen, Sportgeräten, Koffern, Taschen, Teppichen und Polstermöbeln werden ausführlich beschrieben.

O. B. Rasmussen, Norwegen:

„Konjugierte Fasern durch Lamellarextrusion und Splittechnik“

Der Vortrag geht ausführlich auf die Technologie zur Herstellung einer Spaltfaser aus dem Dreikomponentensystem Nylon, Polypropylen, Bindemittel ein. Aus einer Ringdüse werden 76 Bänder mit Bikomponentenstruktur ersponnen. Durch eine Drehkammer wird die ursprüngliche radiale Schichtung in eine tangentiale überführt und das so gebildete tangentiale „Rohr“ durch ein Messersystem mit radialer Schneidenrichtung in 1,3 mm breite Streifen geschnitten. Die endlosen Lamellenbänder werden durch Aufbringen eines Falschdrahtes verstreckt, die Aufspaltung wird durch Reibung zwischen zwei Laufbändern aus Gummi erreicht, die mit unterschiedlicher Geschwindigkeit laufen. Die Bikomponentenspaltfasern (Nylon und Polypropylen) kräuseln spontan oder durch Wärmebehandlung. Die Gewinnung spezieller Produkte und Einsatzgebiete wird ausführlich behandelt.

A. J. Bobkovicz, Kanada:

„Das Bobtex Integrated-Composite-Spinning-Verfahren“ (ICS)

Die ICS-Technologie stellt ein Verfahren dar, mit dem Stapelfasern durch ein geschmolzenes Polymeres mit hohen Geschwindigkeiten zu einem Garn verklebt werden. Während der Verklebung wird das Garn mit einem Falschdraht versehen. Die textilen Eigenschaften der ICS-Garne entsprechen denen konventioneller Garne aus gleichem Fasermaterial. Der Faseranteil kann je nach dem Verwendungszweck zwischen 30 und 70% variiert werden. Fasern der verschiedensten Provenienz lassen sich auf diese Weise zu Garnen verarbeiten, z. B. auch Metall-, Keramik- und Glasfasern. Das Verfahren eröffnet die Möglichkeit der ökonomischen Nutzung von Faserabfällen.

F. H. Holmes, England:

„Flamm- und hitzebeständige organische Fasern“

Dieser Übersichtsvortrag gibt eine Klassifizierung der wärmebeständigen Fasern nach ihrem Einsatzzweck, und zwar für Bekleidung und Heimtextilien, für Berufsbekleidung und Filtergewebe sowie Textilien für extreme Bedingungen. Es werden Fasertypen beschrieben, die für den Einsatz in diesen drei Bereichen entwickelt wurden. Während für die erste Kategorie konventionelle Fasern mit flammhemmenden Mitteln (organisch und anorganisch) ausgerüstet wurden, wurden für die beiden anderen Kategorien Spezialtypen, z. B. Nomex, entwickelt. Strukturformeln für die einzelnen Fasertypen wurden wiedergegeben und allgemeine Vorstellungen über das Verhalten der Fasern und gewünschte Eigenschaften für spezielle Einsatzzwecke dargelegt.

J. Economy, USA:

„KYNOL, eine neue flammbeständige Faser“

Im vorliegenden Vortrag wurde eine neue, vernetzte, auf Phenolbasis entwickelte Faser vorgestellt. Beim Erhitzen geht KYNOL unter Abspaltung von Wasser und CO_2 in eine

Carbonfaser über, ohne daß ein wesentlicher Schrumpf eintritt. Die Faser brennt nicht und schmilzt nicht. Bei Temperaturen bis 170 °C in Luft bleibt die Faser für die Dauer von 1000 h unverändert, selbst bis 2500 °C ist die Faser kurzzeitig belastbar. Ihre Einsatzgebiete sind: Isolationsmaterialien, Bekleidung für Rennfahrer, Feuerwehrleute und andere Schutzbekleidung.

D. V. Badami, England:

„Anorganische Fasern und Whiskers für faserverstärkte Kunststoffe"

Verstärkungsmaterialien haben in den letzten Jahren breite Anwendung gefunden. Neue Verstärkungsmaterialien auf anorganischer Basis sind entwickelt worden: Whiskers (Einkristallfasern, diskontinuierliche kurze, polykristalline und amorphe Fasern sowie Endlosfäden. In einer Tabelle werden die wichtigsten Eigenschaften und Zusammensetzung der Whiskers dargestellt. Daraus geht hervor, daß Graphit sehr gute Eigenschaften besitzt, aber wenig Beständigkeit gegen Sauerstoff, vor allem bei erhöhten Temperaturen, zeigt, Siliciumcarbid in dieser Hinsicht wesentlich besser, aber auch erheblich teurer ist.

Für Verstärkungszwecke werden Whiskers mit einem Längen/Breiten-Vehältnis von 100:1 bevorzugt. Diskontinuierliche Fasern als Verstärkungsmaterialien können aus Kohlenstoff, Bornitrid, Siliciumcarbid, Aluminiumoxid, Asbest u. a. Materialien sein. Eine Reihe von Oxidfasern wird durch Extrusoin von kolloiden Dispersionen von Oxiden oder Hydroxiden bzw. durch Gießen eines Films mit anschließender Trocknung und Splittung hergestellt.

Bei den kontinuierlichen Fasern wurden vor allem Glas- und Kohlenstoffasern als Verstärkungsmaterialien herausgestellt und ihre Eigenschaften, Einsatzzwecke und Entwicklungschancen eingeschätzt.

R. Jeffries, England:

„Kohlenstoffasern"

Es handelt sich hier um einen Übersichtsvortrag, der im einzelnen die Art des Kohlenstoffs, die Herstellung, Eigenschaften und Struktur der C-Fasern beschreibt. Es wird der Einsatz für Composites und deren Verwendung, ihre Marktsituation und potentielle Entwicklung dargelegt. Kurz beleuchtet werden andere Kohlenstofformen und die Forschung des Shirley-Institutes auf dem C-Fasersektor. Anhand von 63 Literaturzitaten wird eine weitgehend vollständige Übersicht über Herstellung, Einsatz und Typenangebot auf dem Kohlenstoffasergebiet gegeben.

Folgende weitere Themen wurden auf der Tagung behandelt:

„Fortschritte in der Erzeugnisbeurteilung" (*J. D. Owen*, England)

„Neue Entwicklungen bei Viskosefaserstoffen" (*H. R. Hardy* u. *R. S. Mahomed*, England)

„Die Entwicklung einer neuen Faser aus syndiotaktischem PVC" (*C. Mazzolini*, Italien)

„Neue Entwicklungen beim Färben von synthetischen Fasern" (*E. Bohnert*, BRD)

„Fortschritte beim Färben von Polypropylenfaserstoffen" (*M. Levine*, USA)

„Fortschritte in der Baumwollforschung" (*D. Heap*, England)

„Neueste Entwicklungen in der Wollverarbeitung" (*C. D. Brown*, England)

„Prognosen auf dem Textilsektor: Der Einsatz des Delphin- und anderer Prognoseverfahren" (*H. Catling*, England)

„Koordiniertes Marketing eines neuen Produktes" (*I. R. Ditchfield*, England)

Die Polyamidimide und ihre Anwendung auf dem Textilsektor" (*R. Pigeon*, Frankreich)

„Textilien aus Keramikfasern" (*B. H. Bates*, USA)

„Gesteuerte Orientierung diskontinuierlicher Fasern in Composites" (*T. L. Tolbert*, USA)

„Metallfasern in Textilien und in der Technik" (*P. M. Grafton*, England)

„Zum Verhalten nichtentflammbarer Fasern in Fasermischungen (*C. Z. Carroll-Porczynski*)

Die Tagung gab neben Originalbeiträgen vor allem einen ausgezeichneten Überblick über neuere Entwicklungen und den Erkenntnisgewinn auf dem Gebiet organischer und anorganischer Fasern. Der vorliegende Symposiumsband nebst Supplement enthält alle Vorträge (einschließlich Abbildungen); da die Beiträge der Referenten nur in Ausnahmefällen in anderen Zeitschriften erschienen sind, ist die Beschaffung dieses Symposiumsbandes für einschlägige Fachbibliotheken in jedem Falle zu empfehlen. *J. Baudisch*

Rasterelektronenmikroskopie. Hgg. von *Ludwig Reimer* und *Gerhard Pfefferkorn.* Berlin/Heidelberg/New York: Springer 1973. XI, 263 S. Brosch. DM 68,—.

Dieses Buch befaßt sich mit der Methode der Rasterelektronenmikroskopie (engl.: Scanning Electron Microscope = SEM), die insbesondere in den letzten Jahren eine stürmische Entwicklung erfahren hat und sich inzwischen als ein unentbehrliches Hilfsmittel für die mikromorphologische Untersuchung von Oberflächen erwiesen hat. Außer der bekannten Oberflächenabbildung mit großer Schärfentiefe und einem Auflösungsvermögen von ca. 50 bis 200 Å bietet die Methode der Rasterelektronenmikroskopie die Möglichkeit, auf ebenen Oberflächen Kontraste durch elektrische Potentiale oder bei ferromagnetischen Objekten durch magnetische Streufelder zu erzeugen. Damit ist das Auflösungsvermögen eines SEM nur um ca. eine Zehnerpotenz schlechter als das eines Transmissions-Elektronenmikroskopes (TEM) und nur um ca. eine Zehnerpotenz besser als das eines Lichtmikroskopes (LM). Heute wird die SEM neben der reinen Darstellung von Oberflächen zur weiteren analytischen Strukturcharakterisierung benutzt. So kann aus dem Anstieg des Rückstreukoeffizienten mit wachsender Ordnungszahl eine Materialdifferenzierung, mit Channelling-Diagramm eine Orientierungsbestimmung und Kristallidentifizierung sowie aus der Emission von Röntgenquanten und Auger-Elektronen eine Materialanalyse durchgeführt werden. Schließlich ist es möglich, die durch Kathodolumineszenz ausgelösten Lichtquanten zur Bilderzeugung auszunutzen.

Mit einer geschlossenen Darstellung der physikalischen und technischen Grundlagen der SEM einschließlich ihrer Präparationstechnik schließt dieses Buch die Lücke in der deutschsprachigen Literatur. Im einzelnen wird nach einer kurzen Einleitung mit prinzipieller Wirkungsweise und Vergleich des SEM mit licht- und elektronenoptischen Abbildungsinstrumenten sowie anderen Elektronenstrahlgeräten ausführlich auf die für die Wirkungsweise und Kontrastentstehung wichtige Wechselwirkung Elektron-Materie eingegangen. Die wichtigsten Gesetzmäßigkeiten über die Rückstreuung, Sekundärelektronen-Emission und gesamte Elektronendiffusion innerhalb des Probenmaterials werden dargestellt.

Im nächsten Kapitel werden die den verschiedenen SEM gemeinsamen Prinzipien der Elektronenoptik, Abrasterung, Signalerzeugung, Objektveränderungen durch Elektronenbeschuß und elektronischen Signalverarbeitung sowie auch die Aufzeichnung dynamischer Vorgänge behandelt.

Im folgenden Kapitel werden die im Zusammenhang mit der Abbildung durch Sekundär-(SE), Rückstreuelektronen (RE) und Probenströmen zu berücksichtigenden verschiedenen Kontrast-Entstehungsmechanismen wie Flächeneignungskontrast, Abschattungseffekte, Kanteneffekt, Material- und Orientierungskontrast an Demonstrationsbeispielen dargestellt und diskutiert. Ferner werden die Channelling-Diagramme, deren Abbildung die Intensitätsabhängigkeit von der Einfallsrichtung des Elektronenstrahles gegenüber den Netzebenen wiedergibt und somit durch die Orientierungsanisotropie des Rückstreukoeffizienten und der Sekundärelektronenausbeute an Einkristallen erzeugt werden, beschrieben. Diese Diagramme haben gleiche Bedeutung wie Elektronenbeugungsdiagramme in der TEM erlangt und finden Anwendung in der Kristallanalytik. Mit einem SEM können auch Potentialverteilungen und magnetische Domänen abgebildet werden, da die Bahnen der langsamen SE durch elektrische oder magnetische Felder an der Probenoberfläche beeinflußt werden.

Neben der Untersuchung durchstrahlbarer Schichten mit SE und RE lassen sich auch die transmittierten Elektronen (TE) zur Bilderzeugung in einem Raster-Transmissions-

Faserforschung und Textiltechnik 25 (1974) Heft 1
Zeitschrift für Polymerforschung

Vassilij Vladimirovič Koršak 65 Jahre

Am 9. Januar vollendete Prof. Dr. *V. V. Koršak* sein fünfundsechzigstes Lebensjahr. Es gibt kaum ein Heft der Vysokomolekularnije Soedinenja, in dem man nicht eine oder mehrere Arbeiten aus seiner Schule findet. Nahezu 1000 Publikationen mag er in seiner mehr als vierzigjährigen wissenschaftlichen Tätigkeit verfaßt haben. In den letzten fünfzehn Jahren wandte er sich außerdem stärker der Arbeit an Monographien zu, deren bekannteste die Bände über Polyamide, Gleichgewichts- und Nichtgleichgewichtspolykondensationen und über temperatur- und wärmebeständige Polymere sind. Mit den Titeln dieser Monographien sind auch die Arbeitsgebiete umrissen, die der Jubilar als Neuland betrat und in deren jedem er Pionier-, aber auch Breitenarbeit leistete, so daß jeweils eine Fülle von Synthesen, Substanzen und mechanistischen Erkenntnissen als Gewinn dieser Bemühungen vorliegen.

V. V. Koršak und seine Mitarbeiter haben neue Reaktionen entdeckt, wie z. B. die Polyrekombination, andere systematisch auf die Polymersynthese übertragen, wie beispielsweise die Polycyclotrimerisierung von Bis-Acetylenverbindungen oder von Bis-Acetylverbindungen. Neue Substanzklassen wurden synthetisiert: Polyarylate, Carboranpolymere, Cardopolymere und elementorganische Acetylenpolymere sind nur einige wenige Beispiele für die Ideenfülle, das Geschick und die Schaffenskraft der *Koršak*-schen Schule aus den beiden letzten Jahrzehnten.

Der synthetisierende Polymerchemiker *Koršak* hatte dabei von früher Zeit an eine feste und fruchtbringende Beziehung zur Physik und zur physikalischen Chemie der Polymeren. Diese Disziplinen haben mit Prof. *Slonimskij* und Dr. *Pavlova* sowie deren Kollektiven einen guten Platz im großen Polymerbereich des Instituts für Elementorganische Verbindungen der Akademie der Wissenschaften ser UdSSR in Moskau. Seit Gründung des heute weltbekannten Instituts wird der Bereich ,,Hochmolekulare Verbindungen" von *V. V. Koršak* geleitet.

Mit dem Interesse, die neuen Polymeren möglichst praxiswirksam zu charakterisieren und mit Hilfe der Charakterisierung Eigenschaftsverbesserungen einzuleiten, verbindet sich bei *V. V. Koršak* der nüchterne Sinn und ein bemerkenswerter Einsatz zur Durchsetzung der Produktionsvorbereitung und -aufnahme von Spezialprodukten. Als Auswahlbeispiele seien Cyanacrylatkleber, selbstschmierende temperaturbeständige Polymerkompositionen, Filme mit Mehrfach-Pfropfschichten (Pemosore) und Polyarylate sowie Polyphenylen-Preßmassen genannt.

Die Lehrtätigkeit ist seit den Anfangsjahren der wissenschaftlichen Arbeit von *V. V. Koršak* Freude und Anregungsquelle zugleich für ihn gewesen. Generationen von Absolventen der Moskauer Technischen Hochschule für Chemie ,,Mendelejev" wissen davon zu berichten.

Auch an den unvermeidlichen, aber zeitraubenden und doch für erfolgreiche Durchsetzung der Wissenschaftspolitik der sozialistischen Länder so notwendigen organisatorischen Arbeiten ist der Jubilar nie nur vorbeigegangen. Er gehört heute einer Reihe höchster Gremien des Sowjetstaates, der Akademie der Wissenschaften der UdSSR und des Universitätslebens sowie des gesellschaftlichen Lebens des Sowjetlandes an. Man findet seinen Namen gleichermaßen in den Herausgebergremien der großen Fachbuchverlage der UdSSR und der Chemie- sowie Polymerzeitschriften seines Landes. In der IUPAC-Kommission für Makromolekulare Chemie ist *V. V. Koršak* seit Jahren aktiv tätig.

Seine besondere Fürsorge gilt der freundschaftlichen und wirkungsvollen Wissenschaftskooperation der Institutionen sozialistischer Länder, die auf dem Gebiet der Polykondensation arbeiten. Die von ihm geleitete Expertengruppe ,,Polykondensation" hat für die Grundlagenforschung dieser Richtung viel zur sozialistischen Wissenschaftsintegration in den letzten Jahren beigetragen.

Die Fülle der Aktivitäten, der Ämter, Bürden und Verpflichtungen haben *V. V. Koršak*, korr. Mitglied der Akademie der Wissenschaften der UdSSR, nie zu einem unruhevollen Menschen werden lassen. Seine bescheidene Zurückhaltung und die Kunst, zuhören zu können, machen es seinen Mitarbeitern und jedem, der mit ihm in engeren fachlichen Kontakt kommt, leicht, ein vertrauensvoll persönliches Verhältnis zu Vassilij Vladimirowič Koršak zu gewinnen.

Dem langjährigen Freund und Förderer der Polymerchemie in unserem Lande wünschen die Herausgeber der Zeitschrift, die DDR-Fachkollegen aus der Problemkommission ,,Hochmolekulare Verbindungen" der Akademien sozialistischer Länder, aus der Expertengruppe ,,Polykondensation" und aus den befreundeten Instituten der Akademie der Wissenschaften der DDR in Teltow und Berlin, aus den Universitätsinstituten Jena und Dresden und aus den Forschungsdirektionen unserer Polymerkombinate weiterhin beste Gesundheit und reiche Schöpferkraft.

G. Reinisch

Neue Bücher (Forts.)

Elektronenmikroskop (STEM) ausnutzen, wenn nur die TE mit einem Kollektor unterhalb des Objektes gesammelt werden, die in einen Streukegel mit dem Öffnungswinkel (Beobachtungsapertur) fallen. Während in einem konventionellen TEM die Auflösung bei dicken Objektschichten durch die Energieverluste der Elektronen und den chromatischen Fehler der Objektivlinse begrenzt wird, entfällt bei der Abrasterung der chromatische Fehler, und es lassen sich wesentlich dickere Objektschichten durchstrahlen. Die STEM nach *Crewe* besitzt bei der Hochauflösung von dünnen Objektschichten große Vorteile. So gelang mit dem STEM erstmalig die Abbildung einzelner Schwermetallatome, da das Rasterprinzip bessere elektronische Möglichkeiten zur Kontrastanhebung bietet.

Ein weiteres Kapitel ist den Grundlagen zur Emission von Röntgenquanten, Augerelektronen und Lichtquanten durch Elektronenbeschuß sowie deren Ausnutzung zur Materialanalyse gewidmet. Insbesondere hat dabei die Röntgenanalyse der charakteristischen Strahlung durch Nachweis mit energiedispersiven Halbleiterdetektoren (Li-gedriftete Si-Detektoren) für die qualitative und simultane Elementanalyse und Elementverteilung in der Probe große Bedeutung erlangt, da hierdurch eine hohe topographische Auflösung erreicht wird.

Das folgende Kapitel behandelt Auswertungsmethoden von SEM-Aufnahmen (z. B. Stereoaufnahmen, kinematische Bildaufzeichnung, Stereometrie, Computerverarbeitung, optische Autokorrelation sowie holographische Bildrekonstruktion).

Den Abschluß bildet die nicht zu vernachlässigende Präparation, die insbesondere bei organischen Präparaten zur Vermeidung von Artefakten von Bedeutung ist. Hier tragen die Methoden der Objektstabilisierung sowie verschiedene Verfahren der Bedampfung, Kontrastierung, Ätzung und mechanischen Deformation sowie Fraktographie zur Sicherung und Erweiterung der Bildinformation bei.

Jedes Kapitel ist mit umfassender Literatur und auch z. T. mit Monografien und Tagungsbänden belegt. Der Stoff des

Buches wird klar, übersichtlich und systematisch abgehandelt und durch graphische Darstellungen sowie durch zahlreiche aber notwendige, hervorragend plastisch wirkende Aufnahmen ergänzt.

Das Buch vermittelt den mit einem SEM arbeitenden Wissenschaftlern und Technikern auf den verschiedenen Gebieten der Strukturcharakterisierung die physikalischen Grundlagen des Gerätetypes und insbesondere die für die Bildinterpretation wichtigen Zusammenhänge über die Kontrastentstehung. Damit stellt es ein sehr gutes Hilfsmittel dar, sich rasch einen gründlichen Überblick über die Theorie der Methode und die Möglichkeiten der Anwendung zu verschaffen. Auf Grund der Vielfalt der analytischen Strukturcharakterisierung neben der reinen Darstellung der Oberflächentopographie durch die SEM kann das Buch überall dort empfohlen werden, wo es um Untersuchungen und Kenntnisse über den Aufbau der Materie geht.

H. J. Purz

Textilien der Zukunft. Von *Henrich Pikowski.* Leipzig: Fachbuchverlag 1972. 210 S., 38 Abb., 10 Tab. Brosch. M 5,40.

In einem Vorwort zur deutschsprachigen Ausgabe des 1969 in der UdSSR erschienenen Buches sagt *H. Pikowski*, langjähriger Chefredakteur der sowjetischen Textilfachzeitschrift „Textilindustrie" zum Zweck seiner Arbeit: „Dieses Buch beschäftigt sich mit Erfolgen und Mängeln der heutigen Textilherstellung, mit der Entwicklung der Textiltechnik in der nahen und ferneren Zukunft und mit der künftigen Textilindustrie". In überwiegend großzügiger, die Herstellungstechnologien von Garn aus Fasern in zum Teil auch bis ins Detail behandelnder Weise werden die wichtigsten der heute angewendeten Technologien zur Herstellung von Fäden kritisch betrachtet, ihre Verarbeitung zu Geweben, Gewirken und Gestricken und die Veredlung. Auch die Technologien zur Herstellung von Textilverbundstoffen aus Fasern, Fäden oder unmittelbar aus polymeren Massen finden eine ihrer Bedeutung entsprechende Beachtung. *Pikowski* hat es verstanden, sehr anschaulich den erreichten Stand der textiltechnischen Entwicklung von ihren Anfängen bis heute inmitten der gesamten technischen Entwicklung festzulegen, um daraus die Vorstellungen über den textiltechnischen Fortschritt in naher und fernerer Zukunft abzuleiten, wie er sich auch in den Grundrichtungen der Planung der Entwicklungen im Komplexprogramm der Mitgliedsländer des RGW abzuzeichnen beginnt.

Von den vier Abschnitten befaßt sich der erste „Wie es zur Textiltechnologie der Gegenwart kam" mit den wichtigsten Erfindungen, den Grundprinzipien der textilen Technik und ihren technisch- oder entwicklungsbedingten Mängeln. Nicht erwähnt wird *Eli Whitney*, der die Egreniermaschine erfand, dadurch die Baumwolle erst zum „King Cotton" machte und der Baumwollindustrie Manchesters zu ihrer Vormachtstellung verhalf.

Sehr viele, als selbstversändlich und unabänderlich angesehene technische Fakten werden von auch für den Textilfachmann neuen, oft überraschenden Gesichtspunkten aus kritisch beurteilt und daraus die künftige, sich aus heutiger Sicht folgerichtig ergebende Entwicklungsrichtung angedeutet.

Für die „Prinzipien der zukünftigen Technik" im 2. Abschnitt werden viele Beispiele zur Erläuterung der vier Hauptprinzipien dieser Technik gebracht, zum ersten Prinzip „Anwendung der Errungenschaften der Wissenschaft und Technik" u. a. die Wechselwirkung von Erkenntnissen aus der Raumfahrt, von der Kern- und Strahlentechnik, von der Elektronik und Physik. Die Fortschritte der Chemie, der Textilhilfsmittel und Farbstoffe und besonders die auf dem Gebiet der Chemiefaserstoffe werden herausgestellt. Das zweite Hauptprinzip, die „komplexe Prozeßautomatisierung" wird mit Beispielen für automatische Fließlinien belegt, wie das Spinnen, Fachen, Zwirnen, Spulen mit der sowjetischen Spinn-Zwirnmaschine, Fließlinien in der Baumwollspinnerei, programmierte Regelung der Arbeitsprozesse u. a. Die Bedeutung einer „sorgfältigen Rohstoff-Vorbereitung" ist das dritte und eine „hochentwickelte Produktionsorganisation" ist das vierte Hauptprinzip einer zukünftigen Technik.

Mit der historischen Entwicklung als Hintergrund und den hauptsächlichen Entwicklungsprinzipien als Grundlage wird im 3. Abschnitt Textiltechnik der Zukunft" die Herstellung von Garn aus Fasern nach den herkömmlichen, nach elektrostatischen Turbinen-(OE)- und Konverter-Spinnverfahren besprochen. Für die fernere Zukunft werden Möglichkeiten angedeutet, durch chemische oder chemisch-biologische Prozesse Naturfasern umzuformen. In der Webtechnik wird sich die schützenlose Webmaschine schnell durchsetzen, weben wird man auch noch in 30 bis 50 Jahren, aber der Anteil der Gewebe an textilen Flächengebilden wird zugunsten der Maschen- und Textilverbundstoffe rasch abnehmen und sich mehr auf spezeille, begrenzte Gebiete beschränken. Einen breiten Raum nehmen die Textilverbundstoffe (Vliesstoffe, Nähgewirke u. a.) ein.

Bei der Veredlung von Textilien werden sich für die hauptsächlichen Veredlungsverfahren automatische Fließlinien in naher Zukunft durchgesetzt haben. In fernerer Zukunft gewinnt die Strahlenchemie mehr Bedeutung, z. B. zur Steuerung von mechanischen und chemischen Eigenschaften der Faserstoffe und Textilien. Der vierte und letzte Abschnitt „Textilbetrieb der Zukunft" umreißt in großen Zügen ein Bild von Mehrstufen-Betrieben, z. B. Spinnerei und Wirkerei bzw. Strickerei, Spinnerei-Weberei-Textilveredlung u. ä. mit hohem Spezialisierungsgrad, wenig Arbeitskräften zur Bedienung und ohne schwere physische Arbeiten

Pikowski zeichnet ein breit angelegtes Bild der textilen Technik in der näheren und ferneren Zukunft. Viele interessante Details, überraschende Blickpunkte und Streiflichter auf den heutigen Stand der Technik und der wissenschaftlichen Erkenntnisse, die kritische Bewertung des Erreichten und die Ausblicke auf die Textiltechnik in der näheren und ferneren Zukunft vermitteln nicht nur dem Textilfachmann, sondern auch dem interessierten Laien ein Modell, wie etwa eine künftige Textiltechnik aussehen könnte. Der Schwerpunkt liegt offensichtlich auf der Maschinentechnik und der konstruktiven Weiterentwicklung. Nahezu überhaupt nicht in Erscheinung tritt der Verbraucher bzw. das Einsatzgebiet der Textilien; für den Verbraucher, den Konsumenten von morgen und zur bestmöglichen Befriedigung seiner Bedürfnisse dienen doch auch in Zukunft die Textilien. Für deren Gebrauchswert aber sind nicht die Maschinentechnik, sondern die textilen Faserstoffe, besonders die Chemiefaserstoffe, die Technologie zur Herstellung mit den bestmöglichen Gebrauchseigenschaften für den jeweiligen Verwendungszweck verantwortlich.

Ohne den Wert der Arbeit beeinträchtigen zu wollen, vielmehr zur Beachtung bei weiteren Auflagen, ist noch zu bemerken: Die 25 Literaturhinweise, davon 17 sowjetische, 7 englische bzw. amerikanische und eine Literaturstelle aus der DDR bei dem weitgespannten Rahmen sind zu wenig, ebenso nur $1^1/_2$ Seiten Sachwörter. Die Erklärung von Fachausdrücken (11 Seiten) ist oft für den Laien noch zu textiltechnisch, d. h. schwer verständlich.

Mit den „Textilien der Zukunft" sollten sich alle Textilfachleute auseinandersetzen, ob sie nun für oder gegen die vom Verfasser vertretenen Meinungen, Auffassungen oder Behauptungen sind. Sie überprüfen damit ihre eigenen Vorstellungen und damit schon wird die Absicht der „Textilien der Zukunft" erreicht. *K. Meyer*

Das wissenschaftliche Werk von Hermann Staudinger. Gesammelte Arbeiten nach Sachgebieten geordnet. Band 2, Teil II: Arbeiten über Cellulose und Cellulosederivate. Hgg. von *Magda Staudinger* unter Mitwirkung von *Heinrich Hopff* und *Werner Kern.* Basel/Heidelberg: Hüthig & Wepf 1972. X, 629 S. Ganzlwd. DM 78,—.

Der nunmehr vorliegende zweite Teilband der in Buchform als fotomechanischer Nachdruck zusammengefaßten Originalarbeiten Hermann Staudingers auf dem Gebiet der Cellulose führt die bereits im ersten Teilband gewählte sehr zweckmäßige Anordnung nach Sachgebieten konsequent fort.

Schwerpunkte sind dabei die Kapitel über den Aufbau der Fasern, wobei die hier zusammengestellten Arbeiten vor allem der Frage des Zusammenhangs zwischen Polymerisationsgrad und Festigkeit gewidmet sind und interessanterweise gleich in der ersten der hier abgedruckten Arbeiten der heute viel verwendete und viel diskutierte Begriff des Level-off-DP der Cellulose implizit erscheint, weiter ein Kapitel, in dem die Arbeiten über Inklusionserscheinungen an Cellulose zusammengefaßt werden und schließlich vor allem ein größerer Abschnitt, der sämtliche zusammfassenden Arbeiten über Cellulose enthält und der so recht die allmähliche und stetige Entwicklung unserer Vorstellungen zur Struktur der Cellulose und zum Verlauf heterogener Umsetzungen am Cellulosemolekül anhand der *Staudinger*schen Arbeiten über mehrere Jahrzehnte zu verfolgen gestattet. Am Schluß des Buches werden in zwei kürzeren Kapiteln die Arbeiten über Stärke, Glykogen und anderer Polysaccharide sowie über Holz zusammengefaßt.

Auf die Bedeutung des Buches für die heute tätige Generation von Polymerchemikern und speziell von Cellulosechemikern wurde bereits bei der Besprechung des ersten Teilbandes hingewiesen. Das dort Gesagte gilt in vollem Umfange auch für den jetzt vorliegenden zweiten Teilband.

B. Philipp

Acrylic and Vinyl Fibers. Von *Marshall Sittig.* (Chemical Process Revier No. 62). Park Ridge, New Jersey: Noyes Data Carporation 1972. VIII, 331 S. Brosch. $ 36,—.

Die Noyes Data Corp. gibt in zwangloser Reihenfolge Übersichten über in den USA angemeldete Patente auf nahezu allen Gebieten der chemischen Industrie heraus. Der Titel ist insofern irreführend, da auch die Monomerenherstellung und Polymerisationsverfahren behandelt werden.

Der vorliegende Band umfaßt die mehr oder weniger detaillierte Beschreibung von 153 Patenten, die seit 1965 auf dem Gebiet der Acryl-, Modacryl- und Vinylfasern in den USA erteilt wurden. Davon befassen sich jedoch nur 17 mit der Herstellung von Spinnlösungen und dem Erspinnen von Fäden.

Der Inhalt ist in 20 Kapitel gegliedert und behandelt Polymere aus folgenden Monomeren: Acrylnitril, Vinylchlorid, Vinylacetat, Polyvinylalkohol, Acrylsäureester, Vinylidenchlorid, Vinylfluorid. Alle Kapitel sind nach dem gleichen Schema aufgebaut: Verfahren zur Monomerherstellung, zur Polymerisation und zum Erspinnen von Fäden.

Jedes Patent wird unter dem Namen der anmeldenden Firma vorgestellt. Danach folgt auf 2 bis 3 Seiten eine Beschreibung des Inhalts mit entsprechenden Diagrammen und Zeichnungen, die in einigen Fällen durch Beispiele ergänzt wird. Auf Ansprüche wird nicht eingegangen. Abgeschlossen wird der Band mit einem Inhaltsverzeichnis, gegliedert in anmeldende Firmen, Erfinder und US-Patentnummern.

Der vorliegende Band gibt eine gute Übersicht über die neueren Verfahren der Monomerherstellung und der Polymerisation, die zu einem großen Teil bereits technisch genutzt werden. Für den Spinnereifachmann ist der Informationsgehalt weniger hoch. Trotzdem bietet der empfehlenswerte Band, neben einem Vergleich verschiedener Verfahren, eine Fülle interessanter Anregungen. *H. Herma*

The Particle Atlas. An encyclopedia of techniques for semall particle identification. Edition two. Vol. I: Principles and Techniques. Von *Walter C. McCrone* und *John Gustav Delly.* Ann Arbor, Michigan: Ann Arbor Science Publ. Inc. 1973. XXIV, 296 S. Lwd. A 4. Subskriptionspreis £ 22,00; Einzelpreis £ 27,50.

Der Umweltschutz wird seit einigen Jahren von allen Staaten der Welt vorrangig behandelt. Aus diesen Gründen wurden Maßnahmen eingeleitet, die Verschmutzung der Umwelt zu diagnostizieren, zu kontrollieren, zu mindern und zu verhindern. Um eine wirksame Entlastung der Natur von Schadstoffen zu gewährleisten, ist eine Überwachung der Atmosphäre und der Gewässer notwendig. Einen Beitrag hierzu kann die von *W. C. McCrone* und *J. G. Delly* herausgegebene mehrbändige Enzyklopädie „The Particle Atlas" geben. Mit dieser Herausgabe werden Meßmethoden zur Darstellung, Charakterisierung und Identifizierung von Mikroteilchen (von Stäuben, Pulvern und anderen Sedimenten) sowie Präparationsmethoden für die Untersuchungen vorgestellt. Diese Verfahren sind aber auch für andere Forschungsbereiche äußerst wichtig und interessant. Bei Untersuchungen auf dem Polymersektor können einerseits einige der vorgestellten Untersuchungstechniken direkt übernommen werden, so z. B. bei Untersuchungen an Polymerdispersionen und Polymerisations-Zwischenprodukten. Andererseits eröffnen die beschriebenen Meßmethoden bei einer den hochmolekularen Verbindungen angepaßten Versuchsführung neue Möglichkeiten, um weitere Kenntnisse über den Zusammenhang zwischen Struktur und Eigenschaften zu erzielen. Hierbei soll speziell auf die Mikroanalysenverfahren, z. B. ESCA, hingewiesen werden.

Im ersten Band dieses Werkes sind die Grundlagen der Meßmethoden, die Präparation der Mikroteilchen und Vorschläge zu deren Identifikation und Klassifikation behandelt. Der Mikroskopie als Meßmethode, die bisher hauptsächlich bei derartigen Untersuchungen verwendet wurde, ist ca. ein Viertel dieses Bandes gewidmet. Neben den Grundlagen und der Wirkungsweise eines Mikroskopes, die anfangs vielleicht etwas zu simpel und breit dargestellt sind, werden die unterschiedlichen mikroskopischen Verfahren beschrieben. Mit einer kurzen Prinzipdarstellung der Hollographie-Mikroskopie schließt das erste Kapitel. Im folgenden Abschnitt wird nach einer äußerst knappen Einführung in die Grundbegriffe der Kristallographie die Kristalloptik an Hand der optischen Mikroskopie vorgestellt. Daran schließen sich die Beschreibungen der Prinzipien anderer zu verwendender Meßmethoden an, und ihre Verwendungsmöglichkeit zur Mikropartikelanalyse wird diskutiert. Neben der Mikrochemie, der Röntgenographie und der Elektronenmikroskopie (sowohl der Transmissions- als auch der Rastermikroskopie) sind auch die Analysenverfahren (wie Elektronen- (EMA), Ionen- (IMA) und Protonenmikroanalyse (PMA) sowie die Elektronenspektroskopie (ESCA)) und deren automatische Meßwerterfassung und -verarbeitung verwendbar.

Der Sedimentation, der Isolierung und der Präparation von Mikroteilchen ist das dritte Kapitel gewidmet. Dabei werden die Präparationsverfahren mit den notwendigen Rezepturen kurz beschrieben. Im letzten Abschnitt geben *McCrone* und *Delly* Vorschläge und Tips sowohl zur Partikelidentifizierung als auch zur Einrichtung von Speziallabors für diese Untersuchungen.

Zusammenfassend kann gesagt werden, daß in dem vorliegenden Band die Untersuchungstechnik für Mikroteilchenbestimmungen einfach und ohne großen mathematischen Aufwand dargestellt ist und an aussagekräftigen Schemazeichnungen erläutert wird. Daher ist das Buch nicht nur für wissenschaftliche Kader informativ, sondern es gibt auch sprachkundigen technischen Kräften einen Einblick in die Problematik der Mikroteilchenanalyse und für derartige Untersuchungen eine Arbeitshilfe. *E. Schulz*

Dry Cleaning and Degreasing Chemicals and Processes. Von *K. Johnson.* (Chemical Technology Review No. 8.) Park Ridge und London: Noyes Data Corp. 1973. 311 S. Kunstlwd. $ 36,—.

Das Buch gibt unter Berücksichtigung der US-amerikanischen Patentliteratur von 1967 bis 1972 einen detaillierten Überblick über Chemischreinigungs- und Entfettungsprozesse sowie die hierzu verwendeten Chemikalien. Die Abhandlung beschränkt sich nicht nur auf Patentbeschreibungen, sondern geht auch ausführlich auf bereits realisierte technische sowie potentielle Verfahren ein. Die einzelnen Kapitel behandeln „Lösungsmittelgemische und azeotrope Gemische", „Stabilisatoren für Halogenkohlenwasserstoff-Lösungsmittel", „Detergentien", „Andere Zusätze", „Chemischreinigungsprozesse", „Entfettung und Lösungsmittelreinigungsprozesse".

Übersichten über Firmen, Erfinder und Patentnummern beschließen die Abhandlung. Das Werk dürfte die z. Z. beste Übersicht über den heutigen Stand der Technik hinsichtlich der Chemischreinigung von Textilien und der Entfettung von Metallen sein. Es kann allen auf diesen Gebieten arbeitenden Institutionen als wertvolles Nachschlagewerk empfohlen werden. *Horst Frenzel*

Synthese von hochmolekularen Verbindungen (Sintez vysokomolekuljarnych soedinenij). Sammelheft, herausgegeben von dem Chemischen Institut der Akademie der Wissenschaften der Usbekischen SSR (verantwortlicher Redakteur: Dr. sc. *M. A. Askarov*) Taškent: „FAN" 1972, 132 S. Brosch. 80 Kop.

Das Heft umfaßt 29 Kurzmitteilungen der Mitarbeiter des Institutes. Ein beachtlicher Anteil (11 Beiträge) ist der Cellulose bzw. Celluloseacetat, vor allem ihrer Modifizierung durch Pfropfung, gewidmet. Mehrere weitere Beiträge befassen sich mit Synthese und Eigenschaften von

Homo- und Copolymeren des Acrylnitrils, ferner mit Copolymeren, ausgehend von anderen Vinylmonomeren, darunter von N-Vinyllactamen, N-Vinylpyrrolidon und Estern aus ungesättigten Säuren und ungesättigtem Alkohol. Beachtung verdient ein Aufsatz über die Polymerisation von Acrylamid in Ggw. eines Anionenaustauschers als Initiator. Da die Usbekische SSR als Großproduzent von Baumwolle bekannt ist, werden dort aus Abfällen der Baumwollerzeugung mehrere wertvolle chemische Produkte, darunter Itakonsäure und Furfurol, gewonnen. Deshalb wird in oben erwähnten Beiträgen öfter auf die Itakonsäure (bzw. ihre Derivate) als Monomeres oder Comonomeres eingegangen, während in einem weiteren Beitrag die Herstellung von Kationenaustauscher auf der Basis von Furfurol beschrieben wird. Einige weitere Aufsätze beschäftigen sich mit wasserlöslichen Polyelektrolyten sowie mit der Herstellung einiger Kunststoffe. Dabei ist die Arbeit über die anionische Homo- bzw. Copolymerisation von mit Lactam- bzw. Imidringen substituierten α-Oxiden zu erwähnen. *W. Dawydoff*

DMS — Arbeitsatlas der Infrarot-Spektroskopie. London: Butterworth, und Weinheim: Verlag Chemie 1972. V, 327 S. Ringheftung. £ 7,—.

Der Arbeitsatlas enthält etwa 800 Spektren aus der DMS-Sammlung. Den Spektren liegt der gleiche Maßstab wie den bekannten DMS-Karten zugrunde. Außer dem Namen und der Summenformel der Substanzen sind Angaben über Zustand, Reinheit und Herkunft der Proben sowie über das verwendete Spektrometer vorhanden. Die Spektren wurden unter dem Gesichtspunkt ausgewählt, daß die wichtigsten Gruppen organischer Verbindungen berücksichtigt werden und solche Merkmale wie Isomerie, Ringgröße, Kettenlänge und der Einfluß von Nachbargruppen und Substituenten zu erkennen sind. Grundlage der Auswahl bildeten Listen der in Infrarotkursen verschiedener Universitäten und Hochschulen verwendeten Verbindungen. Die Spektren wurden so angeordnet, daß ein leichter Vergleich zwischen zusammengehörenden Substanzen möglich ist. Das Aufsuchen bestimmter Spektren wird durch ein Formelregister sowie ein englisches und deutsches alphabetisches Register erleichtert.

Der Arbeitsatlas ist vor allem als Hilfsmittel für die Durchführung von Infrarotkursen gedacht, und er wird sich dabei als sehr wertvoll erweisen. Geringere Bedeutung hat die Verwendung des Werkes als reine Spektrensammlung, da mit 825 Spektren nur ein verschwindend kleiner Teil der riesigen Anzahl bekannter organischer Verbindungen erfaßt werden kann. *J. Dechant*

Das Entstehen von Vacuolen in Wollen und deren Auswirkungen auf chemische und physikalische Eigenschaften. Von *Heidrun Oppelt* und *Günther Satlow* (Deutsches Teppich-Forschungsinstitut e. V., Haaren bei Aachen). Forschungsberichte des Landes Nordrhein-Westfalen. Nr. 2191. Opladen: Westdeutscher Verlag 1971. 40 S. Brosch. DM 26,40.

Bei „Vacuolen" oder „Löchern" in Wollfasern handelt es sich um Hohlräume, die sich in der Spindelschicht, nicht aber in der Kutikula, meist bei gröberen Wollen, befinden können. Das Ziel der vorliegenden Arbeit ist, festzustellen, warum und unter welchen Umständen die Vacuolen auftreten und inwieweit sich die Löchrigkeit auf verschiedene Wollfasereigenschaften auswirkt.

Als Untersuchungsmaterial dienten rohweiße und fabrikgefärbte Woll-Teppichgarne, sog. Standard-Wollgarne und rohweiße Woll-Kammzüge. Auf mikrokopischem Wege wurde der zahlenmäßige Anteil löchriger Wollfasern festgestellt. Um die Ursache der Löchrigkeit zu ergründen, wurden Alkalilöslichkeit, Harnstoff/Bisulfit-Löslichkeit, Cystingehalt und pH-Wert des wäßrigen Auszugs untersucht. An den verschieden behandelten Fasern wurden Zug- und Elastizitätsversuche vorgenommen.

In dem ausführlichen Forschungsbericht, zu dessen Verständnis zahlreiche Bilder und Tabellen beitragen, werden Schlußfolgerungen hinsichtlich des Entstehens von Vacuolen und ihre Auswirkungen auf die Wollqualität gezogen, die für die Wolle verarbeitende Industrie und für Wissenschaftler von Interesse sind. *W. Böhme*

Papers presented at a *Conference on Assessment and Elimination of Static Electricity in Textiles,* held at the Shirley Institute Manchester, England, on December 8th 1971. Didsbury, Manchester: The Cotton Silk and Man-Made Fibres Research Association Shirley Institute 1972. II, 65 S. A 4. Brosch. £ 2,50.

Das Heft „Assessment and Elimination of Static Electricity on Textiles" enthält die Texte von fünf Vorträgen, die am 8. 12. 1971 am Shirley Institut in Manchester gehalten wurden.

Im Einführungsvortrag ging *F. H. Holmes* auf die Grundlagen der Eliminierung elektrostatischer Aufladungen ein. Dabei wurde festgestellt, daß bereits 2 elektrische Ladungen pro 10^5 Oberflächenatome eine meßbare elektrostatische Aufladung erzeugen. Diskutiert wird hauptsächlich der Wirkungsmechanismus kationischer Antistatika mit unterschiedlichen Kohlenwasserstoff-Substituenten vom Standpunkt der Oberflächenbedeckung aus. Es zeigte sich, daß mehrere kurzkettige Substituenten (z. B. im Tetrabutylammoniumbromid) wirkungsvoller sind als ein langkettiger Substituent (Beispiel: Hexadecyltrimethylammoniumbromid).

V. Heap beschäftigte sich ebenfalls mit der Verteilung der Substanzen auf der Faseroberfläche. Ideal ist eine monomolekulare Schicht (0,2 bis 0,5 Masse-%), höhere Auflagen bringen keine Verbesserung mehr. Ein Kostenvergleich zwischen chemischen Antistatika und in Teppichen eingearbeiteten Metallfasern zeigt, daß die Metallfasern etwa eine Zehnerpotenz höhere Kosten verursachen.

M. Gibson referierte hauptsächlich über Methoden zur Messung der elektrostatischen Aufladung und über den Mechanismus der Dissipation der Ladungen.

R. W. Foster stellte „Ultron" (früher Monsanto N 22) vor und zeigte anhand verschiedener Tests die Überlegenheit von „Ultron" gegenüber unmodifiziertem Polyamidgewebe.

Im letzten Vortrag ging *N. Wilson* auf elektrostatische Eigenschaften von Teppichen ein. Es wurden verschiedene Teppichtypen aus unterschiedlichen Materialien bei 15 und 40% relativer Feuchte mit Kautschuk- und Ledersohlen begangen. Korrelationen zwischen Teppichkonstruktion, relativer Feuchte und Aufladung wurden aufgestellt.

Das Heft enthält eine Fülle von Informationen über elektrostatische Probleme bei Textilien. Es sollte von allen einschlägig Interessierten gründlich gelesen werden.

K. Dietrich

Patentschau

*Auszug aus der Lieferung 17/18/1973 der Patentschau „Faserstoffe und Textiltec9nik",
Ausgabe A: Faserstoffe einschl. Kunststoffe und organ. Grundsubstanzen, zusammengestellt von der Abteilung
Information und Dokumentation des Instituts für Polymerenchemie der AdW der DDR, 153 Teltow-Seehof, Kantstr. 55*

Die Patentschau ist nach der Internationalen Patentklassifikation (IPC) gegliedert. Es bedeuten: DLP = DDR-Patent; DTP = Deutsches Bundespatent; DTA = (West)Deutsche Auslegeschrift; DTO = (West)Deutsche Offenlegungsschrift; OEP = Oesterreichisches Patent; POP = Polnisches Patent; CHP = Schweizer Patent; FRP = Französisches Patent; GBP = Britisches Patent; JAP = Japanisches Patent; SWP = Schwedisches Patent; SUP = Sowjetisches Patent; CSP = Tschechoslowakisches Patent; USP = Amerikanisches Patent; A. = Anmeldedatum, O. bzw. B. = Tag der Ausgabe der Patent-, Offenlegungs- bzw. Auslegeschrift.

Sektion B. Arbeitsverfahren

B 64. Fördern, Packen, Lagern; Handhaben dünner oder fadenförmiger Werkstoffe

B 65h. Behandeln von dünnem oder fadenförmigem Gut, z. B. Folien, Gewebe Kabel

CHP 535707. Abspulvorrichtung für Garnstränge. Erf.: *Napoleone Bodega* u. *Pier Giorgio Bider*. Inh.: O.M.P. Biella S.A.S., Via Maglioleo, 40, Biella-Chiavazza u. O.M.V.S.r.l., Via Susa, 35, Torino (IT). A. 18. 8. 71. Int. Kl.: B 65h 49/02. A.-Z.: 12138/71. Prior.: 19. 8. 70 (IT; A.-Z.: 28742 A/70).

SUP 372151 (Urheberschein). Vorrichtung zum Aufwickeln von Fäden auf eine Bobine. Erf.: *Ju. K. Grišin, A. D. Vorob'ev* u. *A. A. Sokolov*. A. 11. 5. 71, B. 1. 3. 73. Int. Kl.: B 65h 54/40, D 01d 7/00. A.-Z.: 1656578/28–12.

DLP 97872. Naßspinnhülse aus Kunststoff zum Aufwickeln und Nachbehandeln frischersponnener Regeneratseidefäden. Erf. u. Inh.: *Artur Krumlovski, Wolfgang Rädel, Klaus Matthees, Willi Sgolik* u. *Roland Wagner, Eva Switala, Elfriede Franz* u. *Helmut Hohenstein*. A. 4. 7. 72, B. 20. 5. 73. Kl.: 29a, 6/13, Int. Kl.: B 65h 75/32. A.-Z.: WP B 65h/164154.

Sektion C. Chemie und Metallurgie

CHEMIE

C 01. Anorganische Chemie

C 01b. Nicht-metallische Elemente, Metalloide und ihre Verbindungen, außer den unter C 01c aufgeführten

GBP 1320890 (ausgesch. aus Pat. 1319955). Behandlung von Kohlenstofffasern. Inh.: National Research Development Corp. A. 25. 6. 70, B 20. 6. 73. Kl.: C1.A, Int. Kl.: C 01b 31/07. A.-Z.: 9867/73.

JAP 7229937. Herstellung von Kohlenstoffäden. Erf.: *Okifumi Tamada, Hideki Konishi* u. *Keihiko Yamada*. Inh.: Tokai Electrode Manufg. Co. Ltd. A. 10. 12. 70, B. 5. 8. 72. Int. Kl.: C 01b. A.-Z.: 70108901.

C 03. Glas; Mineral- und Schlackenwolle

C 03b. Herstellung, Formgebung und Nachbehandlungsverfahren

SUP 371178 (Urheberschein). Anblaskopf. Erf.: *N. G. Skoronnikova* u. *N. E. Repnikova*. Anm.: Saratovskij Filial Gosudarstvennogo naučno-issledovatel'skogo Instituta Stekla. A. 9. 7. 71, B. 22. 2. 73. Int. Kl.: C 03b 37/06. A.-Z.: 1681829/29–33.

SUP 376331 (Urheberschein). Kopf eines Fadenablegers. Erf.: *I. E. Baranik* u. 4. weitere. Anm.: Severodoneckij Filial Vsesojuznogo naučno-issledovatel'skogo i konstruktorskogo Instituta chimičeskogo mašinostroenija. A. 29. 3. 71, B. 5. 4. 73. Int. Kl.: C 03b 37/10. A.-Z.: 1639074/29–33.

C 03c. Chemische Zusammensetzung von Gläsern, Glasuren oder Emails; Oberflächenbehandlung von Glas; Verbinden von Glas mit Glas oder anderen Stoffen

SUP 381621 (Urheberschein). Glas für Glasfaserstoff. Erf.: *R. D. Verulašvili, K. S. Kutateladze* u. *E. M. Vasserman*. Anm.: Tbilisskij naučno-issledovatel'skij Institut stroitel'nych materialov. A. 1. 6. 71, B. 22. 5. 73. Int. Kl.: C 03c 13/00, 3/04. A.-Z.: 1666388/29–33.

C 07. Organische Chemie

C 07c. Acyclische und carbocyclische Verbindungen

JAP 7244208. Reinigen von Bis(2-hydroxyäthyl)-terephthalat. Erf.: *Yataro Ichikawa, Michiyuki Tokashiki* u. *Nobuo Suzuki*. Inh.: Teijin Ltd. A. 1. 10. 69, B. 8. 11. 72. Int. Kl.: C 07c. A.-Z.: 6978397.

SUP 376354 (Urheberschein). Verfahren zur Herstellung des Dimethyl- oder Dimethylhydrophthalsäureesters von Butylen-2-diol-1.4 oder dessen Derivaten. Erf.: *M. Ja. Fiošin, L. A. Mirkind* u. *L. V. Aniskova*. Anm.: Gosudarstvennyj issledovatel'skij i proektnyj Institut lakokrasočnoj promyšlennosti i Moskovskij ordena Lenina i Ordena Trudovogo Krasnogo Znameni chimiko-technologičeskij Institut Im. D. I. Mendeleeva. A. 27. 9. 71, B. 5. 4. 73. Int. Kl.: C 07c 67/00, 69/80. A.-Z.: 1700353/23–4.

DTO 2256512. Verfahren zur Reinigung von Acrylnitril. Erf.: *Carlo Rescalli, Rebora Pierluigi* u. *Alessandro Ginnasi*. Anm.: Snam Progetti S.p.A., Mailand (IT). A. 17. 11. 72, B. 30. 5. 73. Kl.: 12o, 21, Int. Kl.: C 07c 121/32. A.-Z.: P 2256512. Prior.: 17. 11. 71 (IT; A.-Z.: 31195 A/71)

FRP 2151946 (B). Verbessertes Verfahren zur Herstellung von ungesättigten Nitrilen. Erf.: *Bruno Notari, Vittorio Fattore, Paolo Moreschini* u. *Marcello Massi*. Inh.: Snam Progetti S.p.A. A. 28. 8. 72, B. 25. 5. 73. Int. Kl.: C 07c 121/00. A.-Z.: 7230467. Prior.: 2. 9. 71 (IT; A.-Z.: 28153 A/71).

C 07d. Heterocyclische Verbindungen

DTO 2260014. Verfahren zu der Abscheidung von Lactam. Erf.: *Abraham Hermanus de Rooij* u. *Reijer Goettsch*. Anm.: Stamicarbon N. V., Heerlen (NL). A. 7. 12. 72, B. 14. 6. 73. Kl.: 12p, 5, Int. Kl.: C 07d 41/06. A.-Z.: P 2260014. Prior.: 11. 12. 71 (NL; A.-Z.: 7117035).

C 08. Makromolekulare Verbindungen; ihre Herstellung und chemische Verarbeitung; auf diesen Verbindungen beruhende Gemische

C 08b. Polysaccharide und deren Derivate

JAP 7237500. Mit synthetischen Polymeren mischbare Celluloselösungen. Erf.: *Suburo Nakagawa, Juichi Hirose, Shigeyuki Yamazaki, Takashi Amano, Toshio Nakamaura* u. *Hiroyuki Yamamoto*. Inh.: Tomoegawa, Paper Manufg. Co., Ltd. A. 6. 6. 68, B. 21. 9. 72. Int. Kl.: C 08h g, f. A.-Z.: 6838809.

C 08f. Polymerisationsprodukte

FRP 2144911 (B). Verfahren zur Behandlung einer Metallwand eines chemischen Reaktors. Erf.: *André Champeau*. Inh.: Creusot-Loire. A. 2. 7. 71, B. 30. 3. 73. Int. Kl.: B 44d 5/00, C 08f 1/00. C 23c 3/00. A.-Z.: 7124206.

FRP 2145070 (B). Verfahren zur Polymerisation von Äthylenderivaten in der Masse. Erf.: *Jean Chatelain*. Inh.: Société Rhône-Progil u. Produits Chimiques Pechiney-Saint-Gobain. A. 8. 7. 71, B. 30. 3. 73. Int. Kl.: C 08f 1/00, 3/00, B 29b 3/00. A.-Z.: 7124990. Entspr. DLP 98290 u. DTO 2233034.

DLP 98289. Verfahren zur stereoregulären Polymerisation von α-Olefinen. Erf.: *Umberto Giannini, Antonio Cassata, Romano Mazzocchi* u. *Paolo Longi*. Inh.: Montecatini Edison S.p.A. (IT). A. 23. 6. 72, B. 12. 6. 73. B. 12. 6. 73. Kl.: 39b4, 1/40, Int. Kl.: C 08f 1/40. A.-Z.: AP C 08f/163979. Prior.: 25. 6. 71 (IT; A.-Z.: 26275 A/71). Entspr. DTO 2230672, DTO 2230728, DTO 2230752, FRP 2143346, FRP 2143347 u. FRP 2143348.

DTO 2256780. Verfahren zur Polymerisation von alpha-Olefinen. Erf.: *Jean Pierre Hermans* u. *Paul Henrioulle*. Anm.: Solvay & Cie. ,Brüssel (BE). A. 20. 11. 72, B. 30. 5. 73. Kl.: 39b4, 3/02, Int. Kl.: C 08f 3/02. A.-Z.: P 2256780. Prior.: 24. 11. 71 (LU; A.-Z.: 64328).

FRP 2146645 (A). Verfahren zur Polymerisation und Copolymerisation von Olefinen. Inh.: Solvay & Cie. A. 21. 7. 71, B. 6. 4. 73. Int. Kl.: C 08f 1/00, 3/00, 15/00. A.-Z.: 7126788 Zus. z. Anm. m. A.-Z.: 1516800. A. 21. 10. 66). Entspr. DTO 2234040.

GBP 1314784. Verfahren zur Polymerisation von Olefinen. Inh.: Solvay & Cie. A. 8. 10. 71, B. 26. 4. 73. Kl.: C3.P, Int. Kl.: C 08f 1/56. A.-Z.: 46956/71. Prior.: 8. 10. 70 (LU; A.-Z.: 61838). Entspr. DLP 92122, DTO 2146686, CHP 532087 u. FRP 2109880.

JAP 7239386. Polymerisation von Äthylen. Erf.: *Koichi Iwasaki, Kazuo Yamaguchi, Junichi Matsuura, Yasuo Ohtsuka, Katsutoshi Harada* u. *Yasuo Maruyama*. Inh.: Mitsubishi Chemical Industries Co. Ltd. A. 27. 4. 71, B. 7. 12. 72. Kl.: 26(3) B 111.1, 26(3) A 272.1. A.-Z.: 7127196.

JAP 7239395. Hertsellung von Polyamiden. Erf.: *Hisao Hokonoki, Teruomi Wakabayahi* u. *Tetsuhiro Kusunose*. Inh.: Asahi Chemical Industry Co. Ltd. A. 28. 4. 71, B. 7. 12. 72. Kl.: 26(5) E 122.3, 26(5) E 122.2. A.-Z.: 7127503.

POP 69498. Verfahren zur Polymerisation und/oder Blockcopolymerisation von Vinylchlorid. Inh.: Chatillon Soc. An. Italiana per le Fibre Tessili Artificiali S.p.A., Mailand (IT). A. 23. 9. 67, B. 30. 4. 73. Kl.: 39b4, 3/30, Int. Kl.: C 08f 3/30. A.-Z.: 122724. Prior.: 24. 9. 66 (IT).

SUP 379096 (Urheberschein). Verfahren zur Herstellung von Polyolefinen. Erf.: *Paolo Longi, Umberto Giannini* u. *Romano Mazocchi*. Anm.: Montecatini Edison S.p.A. (IT). A. 18. 3. 70, B. 18. 4. 73. Int. Kl.: C 08f 3/06, 15/04. A.-Z.: 1414321/23-5. Prior.: 21. 3. 69 (IT; A.-Z.: 14382/A/69). Entspr. DLP 84732, OEP 304068, FRP 2039686 u. GBP 1299532.

GBP 1320907. N-substituierte Acrylamide. Inh.: BP Chemicals Ltd. A. 25. 8. 69, B. 20. 6. 73. Kl.: C3.P, Int. Kl.: C 08f 7/02, 19/00, 1/08. A.-Z.: 42241/69.

FRP 2144734 (B). Verfahren zur Herstellung von Blockcopolymeren. Inh.: Stamicarbon N. V. A. 3. 7. 72, B. 30. 3. 73. Int. Kl.: C 08f 1/00, 15/00. A.-Z.: 7223970. Prior.: 2. 7. 71 (NL; A.-Z.: 7109142). Entspr. DTO 2231993.

FRP 1605157 (Aj.). Verfahren zur Herstellung von ternären Copolymeren auf der Grundlage von Vinylchlorid, seine Varianten sowie danach erhaltene Copolymerprodukte. Erf.: *Jean Chatelain*. Inh.: Produits Chimiques Pechiney-Saint-Gobain. A. 22. 4. 68, B. 30. 3. 73. Int. Kl.: C 08f. A.-Z.: 148881. Entspr. DTO 1920197 u. GBP 1260377.

FRP 2152177 (B). Cotelomere aus Vinylchlorid-Äthylen-Kohlenstofftetrachlorid. Erf.: *David Vofsi, Meir Asscher, Hadassa Rosin*. Inh.: Rhône-Progil. A. 7. 9. 72, B. 25. 5. 73. Int. Kl.: C 08f 15/00, 1/00. A.-Z.: 7231701. Prior.: 12. 9. 71 (IL; A.-Z.: 37693). Entspr. DTO 2244521.

OEP 309809. Verfahren zur Herstellung von modifizierten Olefinpolymeren. Erf.: *Sebastiano Cesca, Sergio Arrighetti, Arnaldo Roggero, Giuseppe Ghetti* u. *Eugenio Vajna*. Inh.: Snam Progetti S.p.A., Mailand (IT). A. 16. 4. 71, B. 15. 12. 72. Kl.: 39b, 12, Int. Kl.: C 08f 27/00. A.-Z.: 3262/71. Prior.: 16. 4. 70 (IT; A.-Z.: 23389 A/70). Entspr. DTO 2118578.

GBP 1314567. Pfropfcopolymere aus Cellulose und Polyacrylthioamid oder Pfropfcopolymere aus synthetischen Polymeren mit Polyacrylthioamid. Verfahren zu ihrer Herstellung und Anwendung. Inh.: Moskovsky Textilny Institut. A. 4. 6. 70, B. 26. 4. 73. Kl.: C3.G, Int. Kl.: C 08f 27/06, 25/00. A.-Z.: 26917/70.

SUP 371256 (Urheberschein). Mischung auf der Basis von Polyvinylchlorid. Erf.: *V. I. Zagramčnj, E. N. Zil'berman, Z. A. Zotova* u. 9 weitere. A. 14. 9. 70, B. 22. 2. 73. Int. Kl.: C 08f 29/24, 45/60. A.-Z.: 1477554/23–5.

JAP 7229446. Stabilisierung von Polyacrylnitrillösungen. Erf.: *Akinori Ichimura, Hiroshi Aotani* u. *Shuntaro Hosaka*. Inh.: Toray Industries, Inc. A. 8. 2. 71, B. 6. 11. 72. Kl.: 25(1) C 172. A.-Z.: 714718.

JAP 7229449. Verhinderung der Verfärbung acrylnitrilhaltiger Polymerer Erf.: *Takanori Imamura, Teruo Koseki, Hiroshi Sakai, Isao Ito* u. *Hideji Kitagawa*. Inh.: Toray Industries, Inc. A. 17 2. 71, B. 6. 11. 72. Kl.: 25(1) C 172, 25(1) A 271.31. A.-Z.: 716818.

SUP 376401 (Urheberschein). Verfahren zum Stabilisieren von Polyolefinen und daraus hergestellten Erzeugnissen. Erf.: *G. N. Antipjna, L. N. Smirnov, T. A. Miroškina* u. *Šilova. G. I.* A. 16. 3. 71, B. 5. 4. 73. Int. Kl.: C 08f 45/62. A.-Z.: 1633249/23–5.

SUP 378392 (Urheberschein). Verfahren zur Stabilisierung von Polyolefinen. Erf.: *V. U. Novikov* u. *G. I. Vorob'eva*. A. 15. 9. 69, B. 18. 4. 73. Int. Kl.: Kl.: C 08f 45/58. A.-Z.: 1362679/23–5.

C 08g. Polykondensations- und Polyadditionsprodukte

DTO 1570583. Verfahren zur Herstellung von Copolymerisaten des Trioxans Erf.: *Karl Heinz Häfner* u. *Edgar Fischer*. Anm.: Farbwerke Hoechst AG vorm. Meister Lucius & Brüning, 6000 Frankfurt (DT). A. 30. 6. 65, B. 30. 5. 73. Kl.: 39b5, 1/14, Int. Kl.: C 08g 1/14. A.-Z.: P 1570583.

FRP 2146428 (B). Polylactone mit Hydroxylgruppen am Kettenende. Inh.: Stamicarbon N. V. A. 20. 7. 72, B. 6. 4. 73. Int. Kl.: C 08g 17/00. A.-Z.: 7226206. Prior.: 22. 7. 71 (NL; A.-Z.: 7110083).

GBP 1317278. Copolyester. Inh.: Imperial Chemical Industries -Ltd. A. 16. 6. 70, B. 16. 5. 73. Int. Kl.: C 08g 17/08. Kl.: C3.R, A.-Z.: 29126/70 (verw. Anm. z. Pat. m. A.-Z.: 42535. A. 4. 9. 70). Entspr. DTO 2129993.

JAP 7231437. Unter Verwendung von Indiumkatalysatoren hergestellte Polyätherester. Erf.: *Kazuo Mýtsukura, Koyu Tomita, Hiroaki Ida* u. *Katsumi Ohzaki*. Inh.: Unitika Co. Ltd. A. 26. 12. 68, B. 14. 8. 72. Int. Kl.: C 08g, B 01j. A.-Z.: 6895738.

DTO 2159935. Verfahren zur Herstellung löslicher Polyimide. Erf.: *Jenoe Kovacs* u. *Wolfgang Eisfeld*. Anm.: Badische Anilin- & Soda-Fabrik AG, 6700 Ludwigshafen (DT). A. 3. 12. 71, B. 14. 6. 73. Kl.: 39b5, 20/32, Int. Kl.: C 08g 20/32. A.-Z.: P 2159935.

DTO 2260130. Thermostabile Polyamide und Verfahren zu deren Herstellung. Erf.: *Mario Russo, Valentino Zamboni* u. *Enrico Monza*. Anm.: Montecatini Edison S.p.A., Mailand (IT). A. 8. 12. 72, B. 14. 6. 73. Kl.: 39b5, 20/20, Int. Kl.: C 08g 20/20. A.-Z.: P 2260130. Prior.: 10. 12. 71 (IT; A.-Z.: 32109 A/71).

FRP 2150230 (B). Verbessertes Verfahren zur Herstellung von Polyamiden mit erhöhter relativer Molekülmasse. Erf.: *Michel Biensan* u. *Philippe Potin*. Inh.: Aquitaine Total Organico. A. 25. 8. 71, B. 11. 5. 73. Int. Kl.: C 08g 20/00, 53/00. A.-Z.: 7130753. Entspr. DTO 2241133.

FRP 2150231 (B). Verbessertes Verfahren zur Herstellung von Polyamiden. Erf.: *Michel Biensan* u. *Philippe Potin*. Inh.: Aquitaine Total Organico. A. 25. 8. 71, B. 11. 5. 73. Int. Kl.: C 08g 20/00, 53/00. A.-Z.: 7130754. Entspr. DTO 2241131.

GBP 1320172. Basische Polyamide. Inh.: Montecatini Edison S.p.A. A. 1. 10. 70, B. 13. 6. 73. Kl.: C3.R, Int. Kl.: C 08g 20/00, 20/02, 41/04, C 08f 29/02. A.-Z.: 46679/70. Prior.: 1. 10. 69, 2. 10. 69 (IT; A.-Z.: 22766, 22830). A.-Z.: 22766 entspr. USP 3668278, Entspr. DTO 2047858 u. DTO 2062816.

JAP 7215498. Polyurethanlösung. Erf.: *Kaoru Okazaki, Takashi Sakai* u. *Yoshinori Masubuchi*. Inh.: Toray Industries, Inc. A. 29. 1. 71, B. 22. 8. 72. Kl.: 25(6) G 11. A.-Z.: 7102830.

SUP 370220 (Urheberschein). Verfahren zur Herstellung von linearen Polyharnstoffen. Erf.: *E. V. Kuznecov, V. P. Archireev* u. *V. G. Kostromina.* Anm.: Kazanskij chimiko-technologičeskij Institut Im. S. M. Kirova. A. 26. 6. 69, B. 15. 2. 73. Int. Kl.: C 08g 22/00. A.-Z.: 1341492/23 – 5.

SUP 376408 (Urheberschein). Verfahren zur Herstellung von perfluorierten Polyphenylestern. Erf.: *K. A. Kovyrzina, E. N. Mindeli, S. M. Veranjan* u. *L. A. Radajkina.* A. 10. 11. 69, B. 5. 4. 73. Int. Kl.: C 08g 23/16. A.-Z.: 1375809/23 – 5.

DTO 2160316. Zur Verwendung in Wasch-, Bleich-, Reinigungsmitteln geeignetes Sequestierungsmittel. Erf.: *Achim Werdehausen, Ulrich Jahnke* u. *Edmund Schmadel.* Anm.: Heukel & Cie. GmbH, 4000 Düsseldorf (DT). A. 4. 12. 71, B. 7. 6. 73. Kl.: 39b5, 33/08, Int. Kl.: C 08g 33/0. A.-Z.: P 2160316.

FRP 2148027 (B). Katalysatoren zur Polymerisation und Copolymerisation von Episulfiden und diese Katalysatoren verwendendes Verfahren. Erf.: *Arnaldo Roggero, Alessandro Mazzei* u. *Antonio Proni.* Inh.: Snam Progetti S.p.A. A. 26. 7. 72, B. 20. 4. 73. Int. Kl.: C 08g 33/00, B 01j 11/00. A.-Z.: 7226810. Prior.: 31. 7. 71 (IT; A.-Z.: 27019 A/71).

GBP 1314807. Polymere Zinn-glykoloxide. Inh.: M & T International NV. A. 2. 2. 72, B. 26. 4. 73. Kl.: C3.R, Int. Kl.: C 08g 33/20. A.-Z.: 4911/72. Prior.: 2. 2. 71 (US; A.-Z.: 112045).

JAP 7232759. Herstellung von aromatischem Polybenzimidazol. Erf.: *Yoshio Ohfuji* u. *Tamotsu Eguchi.* Inh.: Kuraray Co. Ltd. A. 19. 3. 69, B. 21. 8. 72. Int. Kl.: C 08g. A.-Z.: 6921025.

SUP 371260 (Urheberschein). Verfahren zur Herstellung von polymeren Polyisocyanaten. Erf.: *V. V. Koršak, L. A. Dackevič, Fam Tchi Tuet* u. *L. V. Davydova.* Anm.: Moskovskij chimiko-technologičeskij Institut Im. D. I. Mendeleeva. A. 19. 11. 70, B. 22. 2. 73. Int. Kl.: C 08g 33/02. A.-Z.: 1493547/23 – 5.

SUP 379596 (Urheberschein). Verfahren zur Herstellung von Polyarylenphosphazenen. Erf.: *V. V. Koršak, V. V. Kireev* u. *M. A. Erjan.* Anm.: Moskovskij chimiko-technologičeskij Institut Im. D. I. Mendeleeva. A. 31. 5. 71, B. 20. 4. 73. Int. Kl.: C 08g 33/16. A.-Z.: 1663457/23 – 5.

DTA 2161052. Verfahren zur kontinuierlichen Herstellung von Kondensationsharzen in Wärmeaustauschern. Erf.: *Wilhelm Neier, Hans-Jürgen Lindstädt* u. *Werner Webers.* Anm.: Deutsche Texaco AG, 2000 Hamburg (DT). A. 9. 12. 71, B. 7. 6. 73. Kl.: 39b5, 35/40, Int. Kl.: C 08g 35/00. A.-Z.: P 2161052.

JAP 7232295. Polyesterkompositionen. Erf.: *Haruhiko Watanabe* u. *Mitsuo Okada.* Inh.: Toyo Spinning Co. Ltd. A. 9. 1. 70, B. 18. 8. 72. Int. Kl.: C 08g. A.-Z.: 703006.

JAP 7232298. Flammfeste Polyesterkompositionen. Erf.: *Kiyoshi Takizawa, Masayuki Ohsugi, Masatoku Kakinami, Masana Yanagi, Yoshimitsu Ichikawa* u. *Tsutomu Sano.* Inh.: Toray Industries. Inc. A. 18. 3. 70, B. 18. 8. 72. Int. čl.: C 08gk D 01f. A.-Z.: 7022264.

JAP 7233191. Copolyester mit gutem Weißgrad. Erf.: *Mitsuo Koono, Yoshio Kimura* u. *Toshio Okamoto.* Inh.: Asahi Chemical Industry Co. Ltd. A. 17. 3. 71, B. 17. 11. 72. Kl.: 26(5) D 12. A.-Z.: 7114378.

JAP 7235783. Mit Triazinderivaten modifizierte Polyamidkompositionen mit verbesserter Anfärbbarkeit. Erf.: *Takanori Shinoki, Yuzo Aido, Shigeru Sasama* u. *Kiyoshi Nawata.* Inh.: Teijin Ltd. A. 14. 8. 68, B. 8. 9. 72. Int. Kl.: C 08g, k. A.-Z.: 6857866.

SUP 376418 (Urheberschein). Verfahren zur Stabilisierung von Polyurethanen. Erf.: *O. G. Tarakanov, L. V. Nevskij, L. N. Kondrat'eva* u. *L. D. Kurilenko.* A. 14. 7. 70, B. 5. 4. 73. Int. Kl.: C 08g 51/60. A.-Z.: 1455984/23 – 5.

GBP 1317190. Färben von Polyestern. Inh.: Imperial Chemical Industries Ltd. A. 4. 3. 70, B. 16. 5. 73. Kl.: C3.R, Int. Kl.: C 08g 39/04, 51/66. A.-Z.: 10423/70. Entspr. FRP 2081678.

GBP 1317281. Färben von Polyestern. Inh.: Imperial Chemical Industries Ltd. A. 4. 3. 70, B. 16. 5. 73, Kl.: C3.R, Int. Kl.: C 08g 39/04, 51/66. A.-Z.: 10425/70. Entspr. FRP 2081688.

C 08j Allgemeine Herstellungs- und Verarbeitungsverfahren

DTO 2260213. Verfahren zum Stabilisieren von Polymerisaten. Erf.: *Sietske Keizer.* Anm.: Stamicarbon N. V., Heerlen (NL). A. 8. 12. 72, B. 14. 6. 73. Kl.: 39b7, 1/00, Int. Kl.: C 08j 1/00. A.-Z.: P 2260213. Prior.: 10. 12. 71 (NL: A. -Z.: 7116953).

C 08k Zusatzstoffe für allgemeine Anwendung

FRP 2144569 (B). Additionsverbindungen zwischen organischen Polymeren und Mineralsalzen. Erf.: *Eric Selegny, Michel Vert* u. *Muhie Hamoud Rasoul.* Inh.: Agence Nationale de Valorisation de la Recherche. A. 6. 7. 71, B. 30. 3. 73. Int. Kl.: C 08g 20/00, 17/00 C 08f 27/00. A.-Z.: 7124629.

Sektion D. Textilien und Papier

TEXTILIEN

D 01. Natürliche oder künstliche Fäden oder Fasern; Spinnen

D 01b Mechanische Behandlung von natürlichen faserigen oder fadenförmigen Stoffen zur Gewinnung von Fasern oder Fäden, z. B. zum Verspinnen

SUP 376492 (Urheberschein). Vorrichtung zum Reinigen von Rohbaumwolle. Erf.: *V. F. Kotov,* u. *P. I. Zil'berman.* A. 26. 10. 70, B. 5. 4. 73. Int. Kl.: D 01b 1/02. A.-Z.: 1485239/28 – 12.

D 01d Mechanisches Verfahren und Vorrichtungen für die Herstellung von künstlichen Fäden, Gespinsten, Fasern, Borsten oder Bändern

DLP 95808. Verfahren und Vorrichtung zum Mehrfachspinnen. Erf. u. Inh.: *Walter Kemnitz, Alfred Machold, Kurt Markel* u. *Klaus Schönzart.* A. 21. 1. 71, B. 20. 2. 73. Kl.: 29a, 6/10, Int. Kl.: D 01d 5/10. A.-Z.: WP D 01d/152629.

GBP 1317557. Herstellung gefärbter synthetischer Faserstoffe aus einer fibrillierten Folie. Inh.: Shell Internationale Research Maatschappij N. V. A. 26. 6. 69, B. 23. 5. 73. Kl.: B5.B, Int. Kl.: D 01d 5/00, D 06p 3/00. A.-Z.: 32363/69. Entspr. FRP 2051249.

GBP 1317558. Herstellung fibrillierter synthetischer Garne und Fäden. Inh.: Shell Internationale Research Maatschappij N. V. A. 26. 6. 69, B. 23. 5. 73. Kl.: B5.B, Int. Kl.: D 01d 5/00. A.-Z.: 32364/69. Entspr. DTO 2031338 u. FRP 2047955.

GBP 1317829. Verfahren zur Herstellung gekräuselter Fasern oder Fäden. Inh.: Shell Internationale Research Maatschappij B. V. A. 1. 6. 70, B. 23. 5. 73. Kl.: B5.B, Int. Kl.: D 01d 5/00, B. 29d 23/04. A.-Z.: 26217/70. Prior.: 3. 6. 69 (NL; A.-Z.: 6908384). Entspr. DTO 2026767, CHP 523353 u. FRP 2049715.

SUP 371282 (Urheberschein). Anlage zur Herstellung von Regenerat fasern. Erf.: *G. V. Pavlov, V. M. Simkin, V. I. Rybinkov* u. *V. E. Il'in.* Anm.: Vsesojuznyj naučno-issledovatel'skij Institut legkogo i tekstil'nogo Mašinostroenija. A. 11. 11. 71, B. 22. 2. 73. Int. Kl.: D 01d 5/26. A.-Z.: 1712898/28 – 12.

D 01f Chemische Gesichtspunkte bei der Herstellung von künstlichen Fäden, Gespinsten, Fasern, Borsten oder Bändern

SUP 379687 (Urheberschein). Verfahren zur Behandlung von Viskose-Reifencord. Erf.: *A. T. Serkov* u. 12 weitere. A. 10. 6. 71, B. 20. 4. 73. Int. Kl.: D 01f 3/28. A.-Z.: 1669383/23 – 5.

DTO 2158581. Fasern und Fäden aus syndiotaktischem Polyvinylchlorid. Erf.: *Günter Blankenstein, Karl Friedrich Rosendahl* u. *Bela von Falkai.* Anm.: Bayer AG, 5090 Leverkusen (DT). A. 26. 11. 71, B. 30. 5. 73. Kl.: 29b, 3/65, Int. Kl.: D 01f 7/02. A.-Z.: P 2158581.

DTO 2159833. Acrylnitril-(co)-polymerisate mit antistatischer Ausrüstung. Erf.: *Günter Arend, Eduard Radlmann* u. *Günther Nischk Ernst.* Anm.: Bayer AG, 5090 Leverkusen (DT). A. 2. 12. 71, B. 7. 6. 73. Kl.: 29b, 3/65, Int. Kl.: D 01f 7/02. A.-Z.: P 2159833.

JAP 7225417. Feuerbeständige Modacrylfaserstoffe. Erf.: *Atsushi Kawai, Hisao Okada, Hideaki Kawada, Koji Mimura, Masao Haraguchi* u. *Kensuke Kamata.* Inh.: Mitsubishi Rayon C.o, Ltd. A. 18. 3. 71, B. 20. 10. 72. Kl.: 42D24, 24D23, 25(1) C 178. A.-Z.: 7115414.

JAP 7229450. Faserstoffe aus Polyamidcopolymeren. Erf.: *Teizo Tsuda* u. *Akitsune Yamamoto.* Inh.: Toray Industries, Inc. A. 5. 2. 69, B. 2. 8. 72. Int. Kl.: D 01f, C 08g. A.-Z.: 698169.

JAP 7229622. Polycaproamid-Noppengarne. Erf.: *Shiro Kumakawa, Isao Hamana* u. *Yoshio Fujiwara.* Inh.: Teijin Ltd. A. 2. 3. 71,B.7. 11. 72. Kl.: 42 D 11. A.-Z.: 7110868.

JAP 7229624. Polyesterfaserstoffe mit hohem Kochwasserschrumpf. Erf.: *Seishiro Inoue* u. *Sadao Ikai.* Inh.: Toray Industries, Inc. A. 1. 3. 71, B. 7. 11. 72. Kl.: 42 D 12. A.-Z.: 719991.

JAP 7230930. Polyamid/Polyester-Verbundfaden. Erf.: *Yoshio Sawa, Tonazo Ito* u. *Akira Furutani.* Inh.: Kanebo Co. Ltd. A. 29. 3. 71, B. 10. 11. 72. Kl.: 42 D 11, 42 D 12. A.-Z.: 7118634.

JAP 7231372. Poly(äthylen-1,2-diphenoxyäthan-4,4'-dicarboxylat)-Faserstoffe. Erf.: *Hidehiko Kobayashi, Kiichiro Sasaguri, Noboru Tanimura* u. *Kazuya Negi.* Inh.: Asahi Chemical Industry Co. Ltd. A. 25. 3. 69, B. 14. 8. 72. Int. Kl.: D 01f, C 08g. A.-Z.: 6922166.

JAP 7232126. Schmelzspinnen antistatischer Polyamid-Kompositionen. Erf.: *Iwao Fujimoto, Isao Hamana* u. *Kiyotaka Ozaki.* Inh.: Teijin Ltd. A. 5. 4. 71, B. 14. 11. 72. Kl.: 42 D 11. A.-Z.: 71 20 844.

JAP 7232143. Polyacrylnitrilfaserstoffe. Erf.: *Saburo Hiraoka, Koji Mimura* u. *Hiroaki Yoneyama.* Inh.: Mitsubishi Rayon Co. Ltd. A. 31. 10. 69, B. 17. 8. 72. Int. Kl.: D 01f, C 08f. A.-Z.: 69 86 896.

JAP 7234443. Polyesterfaserstoff auf Polyäthylenterephthalatbasis zur Verwendung als Reifencord. Erf.: *Masana Yanagi* u. *Itaru Nakamura.* Inh.: Toray Industrise, Inc. A. 22, 3, 71, B 21. 11. 72. Kl.: 25 (1) D 32, 25(1) A 231.24, 42 D 12. A.-Z.: 7115767.

JAP 7236034. Polyäthylen-4,4'-(äthylendioxy)-dibenzoat-Faserstoffe mit guter Anfärbbarkeit. Erf.: *Hidehiko Kobayashi, Kiichiro Sasaguri* u. *Noboru Tamimura.* Inh.: Asahi Chemical Industry Co. Ltd. A. 6. 6. 69, B. 9. 9. 72. Int. Kl.: C 08g, D 01f. A.-Z.: 6943948.

JAP 7236810. Antistatische synthetische Faserstoffe. Erf.: *Taneo Maeda* u. *Tsutomu Ohhira.* Inh.: Toray Industries, Inc. A. 18. 4. 69, B. 16. 9. 72. Int. Kl.: D 01f, D 06m. A.-Z.: 6929657.

JAP 7236812. Naßspinnen von Polyamiden. Erf.: *Akira Sakada, Kozo Mizuno* u. *Funnihiro Isozaki.* Inh.: Unitika Co. Ltd. A. 20. 2. 69, B. 16. 9. 72. Int. Kl.: D 01f, C 08g. A.-Z.: 6912869.

JAP 7239717. Herstellung von Spandexfäden durch Spinnen einer Polyurethanemulsion. Erf.: *Kaoru Kosonoi, Kiyoshi Ichikawa* u. *Yasuji Nakahara.* Inh.: Asahi Chemical Industry Co. Ltd. A. 24. 4. 71, B. 8. 12. 72. Kl.: 42 D 1. A.-Z.: 7126454.

SUP 370792 (Urheberschein). Faseriges Material. Erf.: *Iochiko Nakahome, Kenji Takeda, Mizutosi Okazaki, Masanobu Chotei.* Anm.: Japan Exlan Co. Ltd. A. 15. 2. 68, B. 15. 2. 73. Int. Kl.: D 06 p 3/86. A.-Z.: 1218607/23-5. Prior.: 15. 2. 67(JA; A.-Z.: 9996/67).

DTO 2159485. Vorrichtung zum Zerschneiden von Endlosgut, z. B. Herstellen von Stapeln aus Chemiefasern. Erf. nicht genannt. Anm.: Vepa AG, Basel (CH). A. 1. 12. 71, B. 7. 6. 73. Kl.: 29a, 6/05, Int. Kl.: D 01g 1/04. A.-Z.: P 2159485 (Zus. z. Anm. m. A.-Z.: P 2119821, DTO 2119821)

D 01g Vorbehandlung der Fasern, z. B. zum Verspinnen

CHP 537467. Einrichtung zur Herstellung von Stapelfasern. Erf.: *Josef Kaupp.* Inh.: Chemiefaser Lenhing AG, Lenzing (OE). A. 2. 2. 71, Int. Kl.: D 01g 1/10. A.-Z.: 1519/71. Prior.: 17. 2. 70 (OE; A.-Z.: 1403/70). Entspr. DTO 2104834.

D 01h Spinnen oder Zwirnen

SUP 371283 (Urheberschein). Vorrichtung zur Fadenführung auf die Reckgaletten. Erf.: *L. I. Eliseev* u. *A. A. Baljunov.* Anm.: Vsesojäznyj naučno-issledovatel'skij Institut Mašin dlja Proizvodstva sintetičeskich Volokon. A. 6. 10. 71, B. 22. 2. 73. Int. Kl.: D 01h 5/70. A.-Z.: 1703521/28 – 12.

DO 2. Garne; mechanische Veredlung von Garnen oder Seilen; Schären oder Bäumen

D 02g Kräuseln oder Krimpfen (Texturiern) von Fasern, Fäden, Zwirnen oder Garnen; Garne oder Zwirne

DLP 98118. Verfahren und Vorrichtung zur Erzeugung eines vergleichmäßigten Fadenschußeffektes. Erf. u. Inh.: *Wilfried Olzog, Gerd Gabler, Günter Schroth, Dieter Rieger* u. *Günther Schulz.* A. 2. 8. 72, B. 5. 6. 73. Kl.: 29a, 6/20, Int. Kl.: D 02g 1/16. A.-Z.: WP D 02g/164814.

DTO 2155514. Verfahren und Vorrichtung zum Anlegen des Fadens an eine Reck- und Falschdrahtkräuselmaschine. Erf.: *Heinz Schippers.* Anm.: Barmag Barmer Maschinenfabrik AG, 5600 Wuppertal (DT). A. 9. 11. 71, B. 17. 5. 73. Kl.: 29a, 6/20, 6/31, Int. Kl.: D 02g 1/00, D 01d 5/12 A.-Z.: P 2155514.

DTO 2161332. Einfädeln eines Fadens in ein Falschdrahtröhrchen. Erf.: *Franz Brichta.* Anm.: SKF Kugellagerfabriken GmbH, 8720 Schweinfurt. A. 10. 12. 71, B. 14. 6. 73. Kl.: 29a, 6/20, Int. Kl.: D 02g 1/02. A.-Z.: P 2161332.

CHP 537473. Vorrichtung zur Falschdrall-Texturierung und Nachfixierung von aus thermoplastischem synthetischem Material bestehenden Garnen in kontinuierlicher Arbeitsweise. Erf.: *Helmut Ritter*. Inh.: Heberlein & Co. AG, Wattwil (CH). A. 29. 10. 71. Int. Kl.: D 02g 1/20, 1/02. A.-Z.: 17693/72 (Teilges. v. Pat. m. A.-Z.: 15797/71). A.-Z.: 15797/71 entspr. DTO 2248808.

SUP 370297 (Urheberschein). Verfahren zur Herstellung von texturierten Fäden aus Polymerfolien. Erf.: *R. I. Kovriga* u. 5 weitere. Anm.: Naučno-issledovatel'skij Institut po Pererabotke iskusstvennych i sintetičeskich Volokon. A. 20. 7. 71, B. 15. 2. 73. Int. Kl.: D 02g 1/00. A.-Z.: 1682436) 28–12.

D 02j Veredeln oder Ausrüsten von Fäden, Garnen, Zwirnen, Schnüren, Seilen od. dgl.

GBP 1318413. Garn und Verfahren zu seiner Herstellung. Inh.: Commonwealth Scientific & Industrial Research Organisation. A. 5. 6. 70, B. 31. 5. 73. Kl.: D1.F, Int. Kl.: D 02g 3/28. A.-Z.: 27327/70. Prior.: 17. 6. 69 (AU; A.-Z.: 56569).

DLP 98311. Verfahren zur Herstellung stauchgekräuselter Fäden. Erf. u. Inh.: *Lutz Brenner* u. *Wolfgang Gerhardt*. A. 7. 12. 71, B. 12. 6. 73. Kl.: 29a, 6/20, Int. Kl.: D 02j 1/12. A.-Z.: WP D 02j/159408.

DTO 2158065. Einrichtung zur Wärmebehandlung von textilen Fäden. Erf.: *Erich Bucher*. Anm.: Zinser Textilmaschinen GmbH, 7333 Ebersbach (DT). A. 23. 11. 71, B. 24. 5. 73. Kl.: 29a, 6/20, Int. Kl.: D 02g 1/00, D 01h 13/28, D 02j 13/00. A.-Z.: P 2158065.

JAP 7232127. „Super"recken von Polyäthylenterephthalatfäden. Erf.: *Tadayuki Yamane* u. *Yutaka Hirano*. Inh.: Kuraray Co. Ltd. A. 1. 4. 71, B. 14. 11. 72. Kl.: 42 D 12. A.-Z.: 7119770.

PAPIER

D 21. Papierherstellung; Gewinnung von Cellulose bzw. Zellstoff

D 21c Gewinnung von Cellulose durch Abscheiden nichtcelluloseartiger Substanzen von cellulosehaltigen Stoffen; Wiedergewinnung der Zellstoffablaugen; Vorrichtungen dafür

DLP 98128. Verfahren zum alkalischen Aufschluß zellulosehaltigen Materials. Erf. u. Inh.: *Gerhard Kretzschmar, Klaus Kinzner* u. *Manfred Leichsenring*. A. 4. 7. 72, B. 5. 6. 73. Kl.: 55b, 1/10, Int. Kl.: D 21c 3/02. A.-Z.: WP D 21c/164163.

SUP 375330 (Urheberschein). Vorrichtung zur Probenahme von Faserstoffen. Erf.: *L. I. Kaganer* u. 4 weitere. Anm.: Central'nyi naučno-issledovatel'skij i proektno-konstruktorskij Institut po proektirovannju oborudovanija dlja celljulozno-bumažnoj promyšlennosti i Vsesojuznyj naučno-issledovatel'skij Institut celljulozno-bumažnoj promyšlennosti. A. 1. 4. 71, B. 23. 3. 73. Int. Kl.: D 21c 3/22. A.-Z.: 1642496/29–33.

SUP 376507 (Urheberschein). Verfahren zur Herstellung von Sulfitzellstoff. Erf.: *R. E. Smirnov* u. 4 weitere. Anm.: Vsesojuznyj naučno-issledovatel'skij Institut celljulozno-bumažnoj Promyšlennosti. A. 30. 3. 71, B. 5. 4. 73. Int. Kl.: D 21c 3/06. A.-Z.: 1639136/23–4.

SWP 357219. Siebvorrichtung an Zellstoffkocher. Erf.: *P. T. Christenson*. Inh.: Kamyr AB, Karlstad. A. 11. 2. 70, B. 18. 6. 73. Int. Kl.: D 21c 9/02. A.-Z.: 1734/70. Entspr. DTO 2106316 u. FRP 2078490.

SUP 379711(Urheberschein). Verfahren zum Bleichen von Zellstoff. Erf.: *E. D. Perminov* u. *G. V. Račkov*. Anm.: Vsesojuznyj naučno-issledovatel'skij Institut celljulozno-bumažnoj Promyšlennosti. A. 12. 8. 71, B. 20. 4. 73. Int. Kl.: D 21c 9/16. A.-Z.: 1694980/23–4.

Sektion G. Physik

G 01. Messen; Prüfen

G 01b Messen der Länge, der Dicke oder von ähnlichen linearen Dimensionen; Messen von Winkeln; Messen von Flächen; Messen von Unregelmäßigkeiten von Flächen oder Umrissen

DTO 2157649. Verfahren zum Längenmessen von Garnen oder Garnsträngen. Erf.: *Herbert Stein, Alex Mörschel* u. *Peter Brüggen*. Anm.: Textechno Herbert Stein, 4050 Mönchengladbach (DT). A. 20. 11. 71, B. 24. 5. 73. Kl.: 42k, 50, Int. Kl.: G 01l 33/36. A.-Z.: P 2157649.

G 01l Messen von Kraft, Drehmoment, Arbeit, mechanischer Leistung, mechanischem Wirkungsgrad oder des Drucks von strömenden Meaien

SUP 379837 (Urheberschein). Vorrichtung für die Bestimmung der Spannung und des tangentialen Widerstandes sich bewegender Fäden. Erf.: *Ju. K. Stravinskas* u. *A.-R. A. Jankunas*. Anm.: Kaunasskij politechničeskij Institut. A. 4. 1. 71, B. 20. 4. 73. Int. Kl.: G 01l 5/10. A.-Z.: 1612805/28–12.

SUP 379849 (Urheberschein). Verfahren zur Bestimmung der Relaxationseigenschaften von Polymermaterialien. Erf.: *V. G. Iščenko* u. *A. V. Ponov*. A. 10. 5. 71, B. 20. 4. 73. Int. Kl.: G 01n 3/08. A.-Z.: 1657783/23–5.

SUP 379868 (Urheberschein). Gerät zur Bestimmung des dynamischen Schermoduls von Fasern und Fäden. Erf.: *B. D. Rysjuk, M. P. Nosov, S. G. Osinin* u. *S. S. Teplickij*. Anm.: Kievskie eksperimental'nye Masterskie i Kievskij filial Vsesojuznogo naučno-issledovatel'skigo Instituta iskusstvennogo volokna. A. 10. 5. 71, B. 20. 4. 73. Int. Kl.: G 01n 29/00. A.-Z.: 1657104/28–12.

DTO 2159022. Meßverfahren und Meßvorrichtung zur fortlaufenden Ermittlung der Fasermengenänderung im Querschnitt eines bandförmigen Faserverbandes. Erf. u. Anm.: *Walther Wegener*/u. *Heinz Bechlenberg*, 5100 Aachen (DT). A. 29. 11. 71, B. 30. 5. 73. Kl.: 42k, 50, 76b, 29/04. Int. Kl.: G 01n 33/36, D 01h 5/44. A.-Z.: P 2159022.

Literaturschau

Auszug aus Lieferung 18, 19 und 20/1973 der Literaturschau „Faserstoffe und Textiltechnik", zusammengestellt von der Abteilung Information und Dokumentation des Instituts für Polymerenchemie der AdW der DDR, 153 Teltow-Seehof, Kantstr. 55

I. Wissenschaftliche Grundlagen

Allgemeines

Untersuchungsmethoden u. a.

Batchelor, J., Berry, J. P., Horsfall, F.: Strahlaufweitung (Barus-Effekt) von elastischen und viskosen Flüssigkeiten. Polymer, London **14** (1973) 7, S. 297–299.

Tobolsky, A. V.: Molekulare Theorie von Glasumwandlungen. J. chem. Physics **58** (1973) 3 (Teil 2), S. 1223–1225.

Vink, D., van Wijk, R.: Gaschromatographische Bestimmung von Methylestergruppen in Polyäthylenterephthalat und Umesterungsprodukten. Fresenius' Z. analyt. Chemie **264** (1973) 4, S. 293–296. (engl.).

Smits, M., Hoefman, D.: Ozonolytische Bestimmung der Lage von Doppelbindungen in Olefinen durch Gas-Chromatographie. Fresenius' Z. analyt. Chemie **264** (1973) 4, S. 297–301. (engl.).

Dávid, P. K., Zelenyánski, E.: Die Möglichkeit einer einfachen Umwandlung von thermogravimetrischen Kurven. J. thermal Analysis, Budapest/London **5** (1973) 2/3. S. 337–340.

Novikov, N. P.: Einige Besonderheiten des Wachstums von die Polymerstruktur zerstörenden Rissen. Mech. Polimerov, Riga (Mech. d. Polymeren) (1973) 3, S. 547–550.

Physik und Chemie der Hochpolymeren

Kovriga, V. V., Farberova, I. I.: Entwicklung statischer Methoden bei der mechanischen Prüfung von Plasten. Plast. Massy, Moskva (Plast. Massen) (1973) 8, S. 70–73.

Perepečko, I. I., Golub', P. D.: Viskoelastische Eigenschaften einiger Polymerer im Temperaturbereich von 4,2 bis 240°K. Mech. Polimerov, Riga (Mech. d. Polymeren) (1973) 4, S. 604–609.

Spatorico, A. L., Coulter, B.: Bestimmungen der relativen Molekülmasse durch Gelchromatographie und Viskosimetrie. J. Polymer Sci.: Polymer Physics **11** (1973) 6, S. 1139–1150.

Kawasaki, N., Uemura, Sh., Ohno, Sh.: Kapillarlängenabhängigkeit des Baruseffekts bei Polymerschmelzen. Kobunshi Kagaku, Tokyo (Chem. High Polymers) **30** (1973) 338(6), S. 326–331 (jap.; engl. Zusammenfass.

Cachojan, P. A., Torojan, O. A., Biber, B. L., Majboroda, V. I., Slesarev, V. V.: Untersuchung der rheologischen Eigenschaften von Lösungen eines Gemisches von Celluloseestern. Chim. Volokna (Chem. Fasern) (1973) 4, S. 76–78.

[1]) Die Literaturschau „Faserstoffe und Textiltechnik" ist zu beziehen vom Institut für Polymerenchemie der AdW der DDR, 153 Teltow-Seehof, Kantstr. 55. Sie wird gemeinsam bearbeitet mit den Dokumentationsstellen im Forschungsinstitut für Textiltechnologie, 906 Karl-Marx-Stadt, Annaberger Str. 240, und im VEB Chemiefaserkombinat Schwarza „Wilhelm Pieck", 6822 Rudolstadt-Schwarza.

Zil'berman, E. N., Voroncova, N. B., Novikova, N. B., Pomeranceva, E. G., Staroverova, R. Ja.: Umwandlungen von Polycarylnitril und Acrylnitril-Isobutylen-Copolymeren in Gegenwart von konzentrierter Schwefelsäure. Vysokomol. Soed. (Hochmol. Verbind.) Serie **A 15** (1973) 7, S. 1648–1653.

Andreeva, V. M., Anikeeva, A. A., Lirova, B. I., Tager, A. A.: Untersuchung von Polyvinylalkohollösungen. Vysokomol. Soed. (Hochmol. Verbind.) Serie A **15** (1973) 8, S. 1770–1774.

Lissant, K. J., Mayhan, K. G.: Untersuchung von Wasser/Polymer-Emulsionen mit mittlerem und hohem Innerphasenverhältnis. J. colloid interface Sci. **42** (1973) 1, S. 201–208.

Babkin, I. Ju., Krasnogorov, A. I., Kitaev, K. N., Popov, E. A.: Adsorptionseigenschaften der oberen Schichten von gepfropftem Polyacrylnitril. Kolloid. Ž., Moskva **35** (1973) 4, S. 627–631.

Braun, D., Hepp, D.: Reststabilität von verarbeitetem Polyvinylchlorid. Angew. makromol. Chemie, Basel **32** (1973) S. 61–80.

Pavlov, G. M., Magarik, S. Ja., Fomin, G. A., Jamščikov, V. M., Andreeva, G. A., Skazka, V. S., Kirilloba, I. G., Cvetkov, V. N.: Dynamische Doppelbrechung der Lösungen von Pfropfcopolymeren. Vysokomol. Soed. (Hochmol. Verbind.) Serie **A 15** (1973) 8, S. 1696–1750.

Fomin, G. A.: Bestimmung der Copolymerzusammensetzung mit dem Polarisationsdiffusometer unter Verwendung von monochromatischem Licht unterschiedlicher Wellenlänge. Vysokomol. Soed. (Hochmol. Verbind.) Serie A 15 (1973) 8, S. 1917–1925.

Motorina, M. A., Metelkina, E. I., Kalinina, L. S., Cholodova, V. M.: Spektrophotometrische Bestimmung von Hydroxylendgruppen in Polymeren. Plast. Massy, Moskva (Plast. Massen) (1973) 8, S. 67–69.

Delfini, M., Segre, A. L., Conti, F.: Sequenzverteilungen bei Äthylen/Vinylacetat-Copolymeren. I. ^{13}C-magnetische Kernresonanzuntersuchungen. Macromolecules, Washington **6** (1973) 3, S. 456–459.

Balcerzyk, E.: Untersuchungsmethoden der Porosität von Faserstoffen. Teil II. Elektronenmikroskopie und andere Methoden. Polimery, Warszawa **18** (1973) 5, S. 224–227.

Crist, B., Morosoffe, N.: Kleinwinkel-Röntgenstreuung von semikristallinen Polymeren. II. Analyse von experimentellen Streuungskurven. J. Polymer Sci.: Polymer Physics **11** (1973) 6, S. 1023–1045.

Selenev, V., Baširov, A. B., Achmedov, A. G. (Schreibw. i. Orig.: *Selenew, W.: Baschirow, A. B., Achmedow, A. G.*): Besonderheiten molekularer Bewegungsvorgänge in unterschiedlich aufgebauten Polymeren. Plaste u. Kautschuk **20** (1973) 8, S. 609–612.

Bartenev, G. M., Selenev, V. (Schreibw. i. Orig.: *Bartenew, G. M., Selenew*, W.): Untersuchung der molekularen Beweglichkeit in Polymeren mit biegsamen Ketten. Plaste u. Kautschuk **20** (1973) 7, S. 494–506.

Butucea, V., Negrei, A., Rentia, L., Băncilă, V.: Zur Morphologie des porösen PVC. Materiale plast., Bucuresti 10 (1973), 6 S. 309–317.

Bassett, D. C., Carder, D. R.: Lamellenverdickung und Kettenausdehnungswachstum von Polyäthylen. Polymer, London **14** (1973) 8, S. 387 bis 389.

Oda, T., Hibi, S., Maeda, M., Makino, Sh., Ando, K., Asano, M.: Dispersion und Kristallorientierung der einzelnen Komponenten in Filmen aus mechanischen Mischungen von Polyäthylen und Polypropylen. Teil II. Kristallorientierung der einzelnen Komponenten in Filmen aus mechanischen Mischungen von Polyäthylen und Polypropylen. Kobunshi Kagaku, Tokyo (Chem. High Polymers) **30** (1973) 337 (5), S. 288–295 (jap., engl. Zusammenfass.).

Arnett, R. L., Jtacy, C. J.: Einfluß der Seitengruppen auf die ungestörten Kettenabmessungen von ataktischen Kohlenwasserstoffpolymeren. J. physic. Chem. **77** (1973) 16, S. 1986–1989.

Litvinov, I. A.: Untersuchung der Struktur von orientierten Polyacrylnitrilfolien. Vysokomol. Soed. (Hochmol. Verbind.) Serie B: Kratkie Soobšč. (Kurzmitt.) **15** (1973) 7, S. 491–493.

Glöckner, G., Lohmann, D.: Zum Einfluß der Struktur von Copolymeren auf ihre Wechselwirkung mit Lösungsmitteln. Faserforsch. u. Textiltechnik **24** (1973) 9, S. 365–370.

Alfonso, G. C., Fiorina, L., Martuscelli, E., Pedemonte, E., Russo, S.: Morphologie und Struktur von Äthylen-Kohlenmonoxid-Copolymer-Einstristallen. Polymer, London **14** (1973) 8, S. 373–378.

Kerrut, G.: Struktur und Eigenschaften von Äthylen-Propylen-Sequenzpolymeren. Kautschuk, Gummi, Kunststoffe **26** (1973) 1, S. 341–343.

Berljant, S. M., Gavlovskij, A.: A.t Physikalische und mechanische Eigenschaften von γ-bestrahlten Tetrafluoräthylen-Vinylidenfluorid-Copolymeren. Plast. Massy, Moskva (Plast. Massen) (1973) 8, S. 9–11.

Varakin, A. S., Gol'dštejn, R. V., Salganik, R. L., Juščenko, N. S.: Über die Bestimmung der Lebensdauerkriterien von Polymeren auf Grund der Rißwachstumskinetik. Mech. Polimerov, Riga (Mech. d. Polymeren) (1973) 4, S. 634–640.

Kausch, H. H., Langbein, D.: Elastische Wechselwirkung zwischen linearen Polymerketten und periodischen Potentialen. J. Polymer Sci.: Polymer Physics **11** (1973) 6, S. 1201–1218.

Gafurov, U. G., Novak, I. I.: Über den Molekularmechanismus der Verformung von orientierten kristallinen Polymeren. Mech. Polimerov, Riga (Mech. d. Polymeren) (1973) 4, S. 584–588.

Utracki, L. A.: Mechanische Stabilität von Latices aus synthetischen Polymeren. J. colloid interface Sci. **42** (1973) 1, S. 185–197.

Pavlinov, L. I., Koršak, V. V., Rusanov, A. L.: Über die Modellierungsmethode in der Thermochemie von Polymeren. Dokl. Akad. Nauk SSSR (Ber. Akad. Wiss. UdSSR) **211** (1973) 2, S. 385–388.

Manzini, G., Crescenzi, V.: Verdünnungswärme und Dichtedaten für Poly-β-propiolacton und Poly-ε-caprolacton in Dioxan. Polymer, London **14** (1973) 8, S. 343–346.

Samulska-Rozwadowska, B.: Modifizierung von Polyvinylalkohol durch Bestrahlung mit UV-Licht. Teil I. Einwirkung der UV-Strahlung auf Polyvinylalkohol im festen Zustand. Polimery, Warszawa **18** (1973) 5, S. 235–236.

Bondarev, V. D., Briskman, B. A., Savina, V. P.: Einfluß von γ-Strahlung auf die Wärmeleitfähigkeit und Dichte einiger Polymerer. Plast. Massy, Moskva (Plast. Massen) (1973) 7, S. 7–10.

Dimov, K., Georgiev, J., Betčev, Ch.: Zur Beschreibung der Wärmebeständigkeit von Polycaproamid und der Wirksamkeit von Thermostabilisatoren mit Hilfe der Differential-Thermoanalyse. Faserforsch. u. Textiltechnik **24** (1973) 8, S. 337–339.

Markelov, M. A., Semenenko, E. I.: Gaschromatographische Untersuchung der Migrationskinetik von Styrol aus Polystyrol. Plast. Massy, Moskva (Plast. Massen) (1973) 8, S. 65–66.

Berger, W.: Gaschromatographische Analyse von Veresterungs- und Umesterungsprodukten der Polyäthylenterephthalatherstellung. Faserforsch. u. Textiltechnik **24** (1973) 8, S. 317–321.

Physik und Chemie der Monomeren und Oligomeren

Bailey, W. J., Sun, R. L.: Monomere, die sich während der Polymerisation recken. Nuova Chimica, Milano **39** (1973) 7, S. 71–74.

Berger, W., Ewert, K.-H.: Über das polarographische Verhalten einiger Derivate der Terephthal- und Isophthalsäure. 2. Mitt. Die selektive Bestimmung von Terephthalsäureestergliedern in Polymeren und Polymerkombinationen. Faserforsch. u. Textiltechnik **24** (1973) 9, S. 377 bis 380.

Rjašencev, K. V., Nikiforov, V. A., Gumenjuk, M. B., Nikitina, T. I., Lur'e, B. I., Sotnik, Z. E.: Verbesserter Verfahren zur Gewinnung von Adipinsäure aus der bei der Produktion von Caprolactam anfallenden wäßrige nSchicht. Chim. Prom. (Chem. Ind.) (1973) 7, S. 22 (502)-24(504).

Muljanov, P. V., Moniarž, N. M., Boddanova, T. M., Golov, V. G.: Bestimmung der isomeren Zusammensetzung von Diphenylmethandiisocyanat mit Hilfe der dielkometrischen Methode. Z. anal. Chimii (Z. analyt. Chemie) **28** (1973) 8. S. 1628–1631.

Skorochodova, V. L., Kogan, V. B.: Bildung von Hydroxylamin in Caprolactam und Reinigung von Caprolactam durch Umkristallisieren. Ž. prikl. Chimii (Z, angew. Chemie) **46** (1973) 7, S. 1575–1578.

Barejšis, I. P., Stinskas, A. V.: Einfluß von Stabilisatoren auf die Ermüdungsfestigkeit von Polycaproamid bei Zug-Druck-Einwirkungen. Mech. Polimerov, Riga (Mech. d. Polymeren) (1973) 3, S. 562–564.

Polymerisation

Shastry, J. S., Fan, L. T., Erickson, L. E.: Analyse eines Modells für hintereinander angeordnete Reaktoren mit Rückfluß für die radikalische Polymerisation. J. appl. Polymer Sci. **17** (1973) 5, S. 1339–1360.

Kabanov, V. A., Alier, K. V., Azmamedov, N. G., Stolonogova, V. G.: Anionische Polymerisation von quaternären Ammoniumsalzen. Nuova Chimica, Milano **49** (1973) 8, S. 63–65.

Dunn, A. S., Tonge, C. J.: Initiierungsgeschwindgikeit bei der Emulsionspolymeriation. Nuova Chimica, Milano **49** (1973) 8, S. 77–80.

Mansour, O. Y., Schurz, J.: Einige Aspekte der Pfropfung von Vinylmonomeren auf Cellulose mittels vierwertigem Cer. III. Svensk Papperstidn. **76** (1973) 11, S. 415–418.

Teichmann, R.: Polyamid 6 als Rückgratpolymeres bei mangan(IV)-initiierten Pfropfpolymerisationen. Faserforsch. u. Textiltechnik **24** (1973) 9, S. 351–354.

Neue Polymere mit hoher Wärmebeständigkeit. Chem. engng. News **51** (1973) 32, S. 16.

Bajkina, N. D., Kopylov, V. V., Pravednikov, A. N.: Untersuchung der Polykondensation von Halogenanilinen und einige Eigenschaften der dabei entstehenden Produkte. Vysokomol. Soed. (Hochmol. Verbind.) Serie A **15** (1973) 8, S. 1752–1757.

Sacharov, M. M., Lunin, A. F., Jacko, O. I., Meščerjakov, S. V. Šestakova, L. M.: Inhibierende und Adsorptionseigenschaften einiger Polymerer mit konjugierten Bindungen. Ž. fizic. Chimii (Z. physik. Chemie) **47** (1973) 8, S. 2080–2081.

Bonatz, E., Rafler, G., Reinisch, G.: Zur Kinetik der Polyäthylenterephthalatbildung im offenen System. III. Schichtdickenabhängigkeit der Polykondensationsgeschwindigkeit in einem statischen Polykondensationssystem. IV. Kinetik und Stofftransport in einem statischen Polykondensationssystem. Faserforsch. u. Textiltechnik **24** (1973) 8, S. 309 bis 312, 313–316.

Dimov, K., Terlemesjan, E., Petrov, P.: Zur Umesterung von Dimethylterephthalat mit Äthylenglykol. Faserforsch. u. Textiltechnik **24** (1973) 9, S. 381–383.

Mizerovskij, L. N., Bazarov, Ju. M., Silant'eva, V. G., Charitonov, V. M.: Einfluß der Endgruppennatur der Makromoleküle auf die Depolymerisationsbeständigkeit von trockenem Polycaproamid. Vysokomol. Soed. (Hochmol. Verbind.) Serie **A 15** (1973) 8, S. 1691–1695.

Kirjuchin, D. P., Kaplan, A. M., Barkalov, I. M., Gpl'danskij, V. I.: Nachpolymerisation von γ-bestrahltem Formaldehyd bei 20 bis 150°K. Dokl. Akad. Nauk SSSR (Ber. Akad. Wiss. UdSSR) **211** (1973) 3, S. 632 bis 635.

Vinogradova, S. V., Koršak, V. V., Vasnev, V. A., Vasilev, A. V. (Schreibw. i. Orig.: *Korshak, V. V., Vasilyev, A. V.*): Synthese von stereoregulären Polyacrylaten. Nuova Chimica, Milano **39** (1973) 7, S. 44–46.

Ishige, T., Hamielec, A. E.: Lösungspolymerisation von Acrylamid mit hohem Umsatz. J. appl. Polymer Sci. **17** (1973) 5, S. 1479–1506.

Seymour, R. B., Owen, D. R., McGee, M. L., Losada, C. L., Clark, M.: Acrylnitril-Styrol-Copolymeremulsionen. IEC. Ind. engng. Chem./ Product R & D **12** (1973) 3, S. 198–201.

Tonojan, A. O., Prichoženko, A. I., Davtjan, S. B., Milman, V. D., Rozenberg, B. A., Enikolopjan, N. S.: Eine Methode zur Berechnung der Verteilung der relativen Molekülmassen und die Bestimmung des Charakters dieser Verteilung bei der adiabatischen Polymerisation von Styrol. Dokl. Akad. Nauk SSSR (Ber. Akad. Wiss. UdSSR) **211** (1973) 2, S. 389–392.

Toyooka, Y., Imoto, T.: Kontinuierliche Emulsionspolymerisation von Styrol. Kobunshi Kagaku, Tokyo (Chem. High Polymers) **30** (1973) 337 (5), S. 249–254 (jap.; engl. Zusammenfass.).

Binet, R., Leonard, J.: Gleichgewichtspolymerisation von 1,3-Dioxolan in Masse. Polymer, London **14** (1973) 8, S. 355–358.

Treiber, G., Boehlke, K., Weitz, A., Wunderlich, B.: Kristallisation während der Polymerisation von Poly-p-xylylen. II. Polymerisation bei niedriger Temperatur. J. Polymer Sci., Polymer Physics **11** (1973) 6, S. 1111 bis 1116.

II. Faserstoffe. Ausgangsstoffe usw.

Albrecht, S.: Tendenzen der Faserentwicklung. VDI–Z. **115** (1973) 11, S. 886–891.

Naturfaserstoffe

Pflanzliche Faserstoffe

Coneva, A., Botev, D., Saraivanov, S.: Herstellung von Bastfasern aus ungerösteten Hanfstengeln und Herstellung von Grobgarnen. Tekstil. Prom. Sofija (Textil-Ind.) **22** (1973) 4, S. 168–172.

Bykova, E. S.: Eigenschaften von Zuckerrohrfasern. Techn. Textilien **16** (1973) 3, S. 72.

Tierische Faserstoffe

Truter, E. V., Wakelyn, P. J.: Die Zusammensetzung der Woll-Epicuticula. Teil I. Die Löslichkeit der Allwörden-Membranen in Chlorwasser. Teil II. Die Reinigung der Allwörden-Membranen durch physikalische Methoden. Teil III. Die Beständigkeit von Aminosäure-Rückständen in Chlorwasser. J. Textile Inst. **64** (1973) 8, S. 475–479; 480–485; 486–489.

Jedraszczyk, H.: Technisch-organisatorischer Fortschritt in den Unternehmen der Vereinigung der Wollindustrie – Süden. Przegl. włókienn. (Textil-Rdsch.) **27** (1973) 5, S. 280–283.

Sugiura, M.: Der Einfluß von Metallsalzen auf das ς-Potential von entbasteter Naturseide. Sen-i Gakkaishi (J. Soc. Fiber Sci. Technol. Japan) **29** (1973) 5, S. T220-T223 (jap.; engl. Zusammenfass.)

Chemiefaserstoffe

Cellulose und Zellstoff

Košiková, B., Polčin, J., Joniak, D.: Studium der Bedingungen der Acetylierung des Buchenholzes. Papír a Celulóza, Praha **28** (1973) 7/8, S. V26 bis V28. (dt.)

Schleicher, H., Daniels, C., Philipp, B.: Zum Einfluß einer Aktivierung von Cellulose mit Ammoniak auf deren anschließende Alkalisierung und Xanthogenierung. Faserforsch. u. Textiltechnik 24 (1973) 9, S. 371 bis 376.

Roffael, E.: Vergleich einiger Methoden zur Bestimmung der Mercerisierbarkeit der Cellulose. Papier **27** (1973) 7, S. 263–269.

Čudakov, M. I., Gluchova, N. R., Zorina, R. I.: Harzentfernung aus Sulfitzellstoff mit Lösungen von nitrierten Lignosulfonsäuren. Bumaž. Prom. (Papier-Ind.) (1973) 7, S. 5–6.

Zajceva, A. F., Petropavlovskij, G. A., Nepenin, Ju. N., Pazuchina, G. A.: Untersuchung der Eigenschaften von Zellstoff aus Fichtenholz unterschiedlichen Alters. Ž. prikl. Chimii (Z. angew. Chemie) **46** (1973) 7, S. 1558–1561.

Krause, Th., Teubner, H.: Dünnschichtchromatographische Trennung und quantitative Bestimmung von Zuckern aus Zellstoffhydrolysaten. Holzforsch. **27** (1973) 4, S. 123–126.

Mukhopadhyay, S., Mitra, B. Ch., Palit, S., R.: Bestimmung des Substitutionsgrades von Natriumcarboxymethylcellulose durch eine umgekehrte Farbtrennungstechnik. Analytic. Chem. **45** (1973) 9, S. 1775 bis 1776.

Regeneratfaserstoffe

Decker, V.: Viskosefasertestung auf einer Kleinstspinnanlage. Textiltechnik **23** (1973) 6, S. 358–362.

Agafonova, L. L., Pakšver, A. B., Serebrjakova, Z. G.: Physikalisch-mechanische Eigenschaften von mit Präparationskompositionen behandelten Viskoseseiden. Chim. Volokna (Chem. Fasern) (1973) 4, S. 70–71.

Veselov, S. A., Lavrikov, B. M.: Zur Senkung der Lösungsmittelverluste und der Luftverunreinigung in den Erspinnbetrieben der Triacetatproduktion. Chim. Volokna (Chem. Fasern) (1973) 4, S. 29–30.

Synthetische Faserstoffe

Sperschneider, K., Ehrhardt, St.: Texturierung und Verarbeitung von matten und glänzenden Polyesterseiden mit rundem oder profiliertem Querschnitt. Textiltechnik **23** (1973) 6, S. 367–368.

Varma, I. K., Sambandam, R. M., Varma, D. S.: Herstellung und Eigenschaften von Polyphenylen-1,3,4-oxadiazolfaserstoffen. Angew. makromol. Chemie, Basel **32** (1973) S. 53–60. (engl.)

Vasiliu-Oprea, C., Simionescu, C.: Blockkopolymerisation von Polyäthylen mit Poly-ε-kaprolaktam durch Schwingmahlung. Plaste u. Kautschuk **20** (1973) 3, S. 179–184.

Vitula, M.: Wolpryla 65 – eine in der DDR entwickelte Polyacrylnitrilfaser und ihr Einsatz in der Maschenwarenindustrie der ČSSR. Inform. Přehled. Výzkumný Úst. pletařský, Brno (Inform.-Übers. Wirkerei-Inst.) (1973) 2/3, S. 5–38. (mit dt., franz., engl., russ. Zusammenfass.)

Tanaka, N., Nakajima, A.: Thermische Schrumpfung, partielles Schmelzen und Rekristallisation von Copolymerfaserstoffen. Sen-i Gakkaishi (J. Soc. Fiber Sci. Technol. Japan) **29** (1973) 6, S. T234–T237 (jap.; engl. Zusammenfass.)

Künstliche mineralische Faserstoffe

Akutin, M. S., Kerber, M. L., Stal'nova, I. O.: Bestimmung des Benetzungswinkels eines Faserstoffes durch geschmolzene Thermoplaste. Zavodsk. Labor., Moskva (Betriebslabor) **39** (1973) 6, S. 716–717.

Aalanova, M. S., Gordon, S. S.: Verformung der Glasmasse im Bildungsbereich eines hohlen Glasfadens. Mech. Polimerov, Riga (Mech. d. Polymeren) (1973) 4, S. 599–603.

Wiedemann, G., Frenzel, H.: Untersuchungen zur chemischen Beständigkeit der Glasseide. Faserforsch. u. Textiltechnik **24** (1973) 9, S. 355 bis 359.

Žigač, A. F., Cirlin, A. M., Ščetilina, E. A., Svetlov, I. L., Grigor'ev, V. I., Šafranovič, E. G., Bulygina, T. I., Jarcev, V. A.: Mechanische Eigenschaften von Borfaserstoff. Mech. Polimerov, Riga (Mech. d. Polymeren) (1973) 4, S. 641–647.

Peene, G., Bekaert, N. V.: Das Verhalten von Stahlcord unter verschiedenen Beanspruchungen. Kautschuk, Gummi, Kunststoffe **26** (1973) 1, S. 311 bis 317.

Ausgangsstoffe. Schaumstoffe. Kautschuk

Fingerle, D.: Radiale Temperaturgradienten vor der Schneckenspitze von Extrudern und ihre Beeinflussung durch Mischteile. Kunststoffe **63** (1973) 7, S. 418–422.

III. Fäden-Herstellrngstechnologien

Spinnerei. Zwirnerei

Brown, R. S., Rhodes, P. L.: Spiralförmiges Kardieren. Textile Ind. **136** (1972) 12, S. 61–62, 124.

Damjanov, G.: Die vor der bulgarischen Textil- und Bekleidungsindustrie stehenden Aufgaben. Magyar Textiltechn. **25** (1973) 7, S. 337–339.

Spinnereivorbereitung

Wagner, I., Amen, E., Tafta, A.: Die Rohwollwäsche, ihr gegenwärtiger Stand und ihre Entwicklungsaussichten. Ind. textilă, Bucuresti **24** (1973) 7, S. 401–407 (mit dt., engl., franz. u. russ. Zusammenfass.).

Michajlov, P. E.: Optimale Arbeitsbedingungen des Krempelläufers. Tekstil. Prom., Moskva (Textil-Ind.) **33** (1973) 6, S. 31–33.

Lynch, W. K., Parr, J. S., Townend, P. P.: Der Einfluß des Drahtprofils auf die Qualität eines Krempelvlieses aus Wolle. Teil II. Ungewöhnlich flexibler Draht. J. Textile Inst. **64** (1973) 8, S. 468–474.

Spinnerei

Vlaicu, E.: Betrachtung über die Baumwollspinnerei in der Perspektive. Ind. textilă, Bucureşti **24** (1973) 8, S. 469–472. (mit dt., engl., franz., russ. Zusammenfass.)

Michel, P.: Das Bobtex-Spinnverfahren. Internat. Textil-Bull., Zürich, Weltausgabe Spinnerei (1973) 2, S. 215–216.

van Gorp, P. J. M.: Ringspinnen mit drehendem Ring. Tex/Textilis, Gent (1973) 7/8, S. 22–25.

Wolf, B.: Schmutzausscheidung am Rotorspinner eröffnet neue Möglichkeiten. Internat. Textil-Bull., Zürich. Weltausgabe Spinnerei (1973) 2, S. 203–204, 207–208, 211–212.

Reuter, H.: Herstellung und Verarbeitung von Faser/Seide-Fadenkombinationen. Textiltechnik **23** (1973) 6, S. 352–358.

Erzeugnisse der Spinnerei und Zwirnerei

Fulek, A.: Herstellung und Einsatz von Garnen mit einem Anteil an chemisch behandelten Flachsfasern des Typs „Linron". Technik włókienn. (Textiltechn.) **22** (1973) 5, S. 139–140.

Effektgarne für getuftete Teppiche aus Wolle. Teil III: Gezwirnte und gemischte Garne. Tex/Textilis, Gent (1973) 9, S. 22–25.

Ibrahim, S. M., Barron, E. R.: Gebündelte Garne. Brit. Knitting Ind. **46** (1973) 529, S. 27–30, 32, 36–38, 89, 100.

Texturfäden

Schubert, G.: Die wichtigsten Eigenschaften der Falschdrahtgarne und ihre Bedeutung für die Weiterverarbeitung. Melliand Textilber. internat. **54** (1973) 7, S. 714–722.

Klein, W., Trummer, A.: Die Recktexturierverfahren. Ind. textile, Paris (1973) 1023, S. 285–291.

IV. Flächengebilde-Herstellungstechnologien

Wylie, D. K., Berry, E. G.: Industrietextilien – ihr Wachstum und ihre Entwicklung. Textile Forderungen in der Automobilindustrie. Textile J. Australia **48** (1973) 3, S. 42, 44, 50.

Materialvorbereitung

Faden-Leitplatten aus glasperlengefülltem Polyamid 6. Kunststoffe **63** (1973) 7, S. 468.

Jederán, M.: Die Modernisierungsmöglichkeiten der Webvorbereitung in der Baumwollindustrie. Magyar Textiltechn. **26** (1973) 8, S. 452–455.

Krzemiński, K., Swiech, F.: Eignung verschiedener Mittel zum Schlichten von Ketten, die für Drillichgewebe vorgesehen sind. Technik włókienn. (Textiltechn.) **22** (1973) 5, S. 140–146.

Gminder, L. E.: Zusatzmittel zur nativen Stärkeschlichte. Textil-Praxis internat. **28** (1973) 5, S. 257–260.

Weberei

Sawhney, A. P. S.: Kleidungsstückweben – ein neuer Begriff. Textile Ind. **136** (1972) 12, S. 50–54, 56.

Weberei-Technologie

Malik, F.: Progressive Webverfahren. Teil II. Melliand Textilber. internat. 54 (1973) 7, S. 694–696.

Pascaru, S., Brătescu, L.: Einige Erfolge und Perspektiven auf dem Gebiet der Weberei. Ind. textilă, Bucureşti **24** (1973) 8, S. 473–477.

Erzeugnisse der Weberei

Lattermann, E., Esterau, C.: Über einige Anwendungsmöglichkeiten textiler Stoffe im Tiefbau. Techn. Textilien **16** (1973) 3, S. 61–62.

Vergleichende Untersuchungen von Bettwäsche. Bekleidungsmedizin **13** (1973) 1, S. 5–6.

Wirkerei und Strickerei. Konfektionstechnik. Sonstige Technologien

Weber, K.-P.: Die Wirkerei und Strickerei. Technologische und bindungstechnische Grundlagen. Melliand Textilber. internat. **54** (1973) 7, S. 733 bis 737.

Darlington, K. D.: Berechnung der Ketteneinlaufverhältnisse. Knitting Times **42** (1973) 9, S. 26–30.

Wirkerei- und Strickerei-Technologie

Graf, F.: Großrundstrickmaschine AP 70 mit Variopoltechnik zur Herstellung von textilen Bodenbelägen. Chemiefasern/Textil-Ind. **23/75** (1973) 8, S. 714–716.

Bezdudnyj, F. F., Pataridze, T. I.: Auswahl der optimalen Wirkgeschwindigkeit auf Kettenwirkmaschinen. Tekstil. Prom., Moskva (Textil-Ind.) **33** (1973) 6, S. 18–19.

Dale, D.: Praktische Methoden für die Verarbeitung von Garnen zu Kettengewirken. Knitting Times **42** (1973) 9, S. 36–38.

Erzeugnisse der Wirkerei und Strickerei

Cybel, T.: Stabilisator für Maschenwaren. Technik włókienn. (Textiltechn.) **22** (1973) 4, S. 125–127.

Rónaszéki, G.: Neue Entwicklungstendenzen in der Erzeugung von Kettengeiwrken. Magyar Tectiltechn. **25** (1973) 7, S. 349–351.

Konfektion

Potoran, I., Mitu, S.: Zusammenhang zwischen Nadelfeinheit und der Struktur von Maschinentextilien und Geweben in der Konfektion. Ind. textilă, Bucureşti **24** (1973) 6, S. 349–353.

Rieser, W.: Das Konfektionieren von Maschenwaren. Hinweise und Anregungen für die Verfahrenstechnik bei der Verarbeitung. Wirk.- u. Strick.-Technik **23** (1973) 8, S. 528–533.

Duffey, R. L. S.: Herrenanzüge und Hosen: Die Ansicht des Herstellers von Jerseymaschinen. Brit. Knitting Ind. **46** (1973) 528, S. 65, 67, 69, 70.

Lassnig, H.: Qualitätssicherung bei Anwendung der Klebetechnik. II. III. Bekleid. u. Maschenware **12** (1973) 3, S. 129–130; 4, S. 150–152.

Zur Psychophysiologie der Arbeitskleidung. Bekleidungsmedizin **13** (19) 1, S. 2–3.

Textilverbundstoffe

Jörder, H.: Forschungsschwerpunkt Vliesstoffe. Textil-Praxis internat. **28** (1973) 6, S. 323.

Sucharev, M. I., Čugunov, R. V., Štut, I. I.: Kontakt-Wärmeschweißen von Klebvliesstoffen. Izv. vysšich uč. Zav. Technol. legkoj Prom. (Hochschulnachr. Technol. Leichtind.) (1973) 3, S. 102–107.

Faserverbundstoffe, Vliesstoffe

Knaus, R.: Musterung von Fußbodenbelägen. Ind. textile, Paris (1973) 1024, S. 345–348.

Schappel, J. W., Hock, M.: Cellulosische Bindefasern. Chemiefasern/Textil-Ind. **23/75** (1973) 8, S. 740–746.

Brandt, W.: Native Fasern für Vliesstoffe. Allg. Vliesstoff-Rep. (1973) 6, S. 146–147.

Schichtstoffe

Avdej, V. D., Musatov, V. A., Pavlikova, L. V., Pavlov, B. E.: Nähwirkvliesstoffe aus mehrschichtigen Glasfaserstoffen. Textil. Prom., Moskva (Textil-Ind.) **33** (1973) 6, S. 47–48.

Wolff, R.: Qualitätssicherung bei getufteten Teppichböden. Textil-Praxis internat. **28** (1973) 5, S. 290–294.

V. Textilveredlung

Hofstetter, H. H.: Kostensparende und zukunftsorientierte Methoden der Lösemittelveredlung. Melliand Textilber. internat. **54** (1973) 7, S. 738 bis 741.

Farbstoffe. Textilhilfsmittel

Rösch, G.: Zur Anwendung optischer Aufheller in der Textilindustrie. Textilbetrieb **91** (1973) 6, S. 59–60.

Keine Bedenken gegen optische Aufheller. Reiniger + Wäscher **26** (1973) 8, S. 26.

Bille, H.: Additive in der Hochveredlung und ihre spezifische Wirkung. Melliand Textilber. internat. **54** (1973) 7, S. 751–759.

Bleicherei. Sonstige Vorbehandlungsarbeiten der Textilveredlung

Bucurenci, I.: Der Einfluß der Kontinuebleiche auf die Maßstabilität von Strickwaren. Ind. textilă, Bucuresti **24** (1973) 7, S. 417–426. (mit dt., engl., franz. u. russ. Zusammenfass.)

Bassilios, H. F., Farag, A. A., Asfour, H. M.: Neue Stabilisatoren für peroxydische Baumwollbleichbäder. Kolor. Ertesitö, Budapest (Kolor. Rdsch.) **15** (1973) 5/6, S. 145–154 (engl.)

Färberei

Zentrale und selbsttätige Versorgung von Färberei- und Naßappreturanlagen. Textil-Praxis internat. **28** (1973) 5, S. 282–283.

Pantke, H., Vogel, K.: Färben und Nachbehandeln mit ionischen Farbstoffen und Hilfsmitteln in Perchloräthylen/Wasser-Emulsionen. Bayer-Farben-Rev., Leverkusen (1973) 23, S. 10–16.
Leonova, N. A., Berezin, B. D., Mel'nikov, B. N.: Zum Einfluß von Strukturfaktoren auf die Färbereikinetik von Cellulose. Z. fizič. Chimii (Z. physik. Chemie) **47** (1973) 8, S. 1938–1941.
Ramaszeder, K., Tomosi, J.: Unterschiedliche Farbstoffaffinitäten von Viskoseseiden gleicher Feinheit und verschiedener Strukturen. Ind. textile, Paris (1973) 1024, S. 368–370.
Grindae, M., Forst, T., Puscasu, E.: Fehlerquellen beim Färben von texturierten Polcestergarnen. Ind. textilă, Bucuresti **24** (1973) 6, S. 354–358.
Dugal,S., Jansen, K., Stein, G.: Zum Verhalten der Oligomeren beim Färben von Polyester. Melliand Textilber. internat. **54** (1973) 8, S. 863.
Baker, R. L.: Kritische Faktoren beim Färben von Polyester. Knitting Times **41** (1972) 53, S. 35–37.
Fischer, P., Hofmann, B.: Erfahrungen beim Einsatz eines neuen HT-Stückbaum-Färbeapparates. Textiltechnik **23** (1973) 6, S. 380–382.

Druckerei

Schmidt, H.: Der Thermo-Transferdruck mit Dispersionsfarbstoffen. Internat. Textil-Bull., Zürich. Weltausgabe Färberei, Druckerei, Ausrüstung (1973) 2, S. 103–104, 111–112, 117–118, 123–124, 129–130, 135–136, 137, 139–140.
Leijdekkers, P. E. J.: Rotationsfilmdruck: Die Kosten und Neuentwicklungen. Hosiery Trade J. **80** (1973) 955, S. 104–106.
Andrzejewsii, T., Duk, J.: Das Bedrucken von Polyestergeweben mit Synthen-P-Farbstoffen. Przegl. włókienn. (Textil-Rdsch.) **27** (1973) 6, S. 315–318.
Alsberg, F. R., Dawson, P. R.: Verdickungen im Polyesterdruck. Textilveredlung, Weinfelden/Schweiz **8** (1973) 7, S. 365–370.

Ausrüstung. Trocknung

Baumgarte, U.: Das Labor im modernen Textilveredlungsbetrieb. Melliand Textilber. internat. **54** (1973) 7, S. 766–772.
Novakust-Kleinspannrahmen für die Strickwaren-Industrie. Chemiefasern/Textil-Ind. **23/75** (1973) 8, S. 755–756.
Petersen, K.: Acetalisierungsreaktionen und ihre Anwendung in der Hochveredlung. 11. Mitteilung. Textilveredlung, Weinfelden/Schweiz **8** (1973) 8, S. 412–422.
Riedel, D.: Vorteile und Auswirkungen einer neuen Schertechnik. Melliand Textilber. internat. **54** (1973) 8, S. 859–862.
Sello, S. B., Tesoro, G. C.: Permanent-Fixierung waschbarer Wolle. Textile Res. J. **43** (1973) 6, S. 309–315.
Ruemens, W., Burkhardt, G., Petersen, H., Ruettiger, W.: Produktbezogene Verfahren bei der Ausrüstung von Cellulose. Amer. Dyestuff Rep. **62** (1973) 4, S. 43, 46, 48, 50, 52, 54, 56, 58, 64, 66.
Mihalik, B.: Maßänderung von Textilien und schrumpffreie Veredlung von Geweben. Magyar Textiltechn. **26** (1973) 6, S. 300–303.
Hoskinson, R. M., Russell, I. M.: Untersuchungen über das Beständigmachen von Textilien gegen Insekten. Teil III. Insektizide aus organischen Phosphorverbindungen. J. Textile Inst. **64** (1973) 7, S. 412–418.
Ein bis zu 1000°C flammhemmendes Gewebe. Textilbetrieb **91** (1973) 6, S. 46.
Haley, N. A.: Dielektrisches Erwärmen kann Rückenbeschichtung von Teppichen beschleunigen. Mod. Textiles Mag. **54** (1973) 5, S. 37–38, 42.
Zur Gebrauchstüchtigkeit einer modernen Teppichbodenausrüstung. Melliand Textilber. internat. **54** (1973) 8, S. 856–858.
Bauer, G. P.: Die Beflockung als Möglichkeit der Oberflächenveredlung. Kunststoff-Berater **18** (1973) 8, S. 581–584.

Wäscherei. Chemische Reinigung

Krause, M.: Über die CR-Zukunft in Holland. Chemischreiniger/Wäscher/Färber-Ztg. **72** (1973) 7, S. 305–309.
Laundry and Drycleaning Exhibition 1973 in Chicago/USA. Chemischreiniger/Wäscher/Färber-Ztg. **72** (1973) 7, S. 310–311 (dt.).
CRW-Schadensfälle und ihre Verursacher. Chemischreiniger/Wäscher/Färber-Ztg. **72** (1973) 4, S. 166–167.
Lerner, H.: Leder zwischen Per und Fluor-Medien. Chemischreiniger/Wäscher/Färber-Ztg. **72** (1973) 4, S. 162, 164.

VI. Werkstoffprüfung. Mess- und Prüftechnik. Standardisierung

Fasertestwerte der Saison 1972/73. Textil-Praxis internat. **28** (1973) 5, S. 248–250.

Eigenschaften und Fehler der Textilmaterialien u. a.

Cannizzaro, A. M., Rollins, M. L., Stanonis, D. J.: Mikroskopische Eigenschaften einiger Celluloseäther. Textile Res. J. **43** (1973) 7, S. 397–404.
Steyer, C.: Probleme der Mikro- und Makro-Okklusion im Zusammenhang mit der Vergrauung textiler Faserstoffe. Textilreiniger **20** (1973) 7, S. 211 bis 213.
Shimizu, J., Shimazaki, K., Toriumi, K., Mitsui, T.: Optische Analyse der Wärmeübertragung von Seide während des Schmelzspinnens. J. Textile Mach. Soc. Japan **18** (1972) 5/6, S. 125–134.
Fröhlich, H. G., Müller, S., Rieber, M.: Beeinflussung von Trevira, Trevira Wolle und Wolle durch Präparationen. Chemiefasern/Textil-Ind. **23/75** (1973) 8, S. 729–734.
Gefter, P. L., Michlina, L. P., Golubeva, T. N.: Über die Elektrisierung von Fäden und Geweben auf Webmaschinen STB. Tekstil.Prom., Moskva (Textil-Ind.) **33** (1973) 6, S. 67–69.
Ničiporčik, L. D., Osipova, V. P., Kaminskij, V. N., Geller, V. E.: Zerstörung von Polyestermonofil beim Reiben Faden gegen Faden. Chim. Volokna (Chem. Fasern) (1973) 4, S. 50–52.
van Gorp, P. J. M., de Rooy, M. M. J. M.: Neue Faserstoffe und Faserstoffmischungen für Textilprodukte mit besonderen Eigenschaften. I. Tex, Doetinchem/Nd. **32** (1973) 3, S. 21–25.
Ribnick, A. S., Weigmann, H. D.: Reaktionen von nichtwäßrigen Lösungsmitteln mit Textilfasern. Teil III. Die dynamische Schrumpfung von Polyestergarnen in organischen Lösungsmitteln. Textile Res. J. **43** (1973) 6, S. 316–325.

Meß- und Prüftechnik

Weber, R.: Mikroskopie als Arbeitsinstrument bei der Entwicklung von Waschmitteln. Reiniger + Wäscher **26** (1973) 8, S. 24–25.
Nelson, K. H., Brown, W. O., Staruch, S. J.: Schnellbestimmung von Brom enthaltenden Flammhemmern auf Geweben. Textile Res. J. **43** (1973) 6, S. 357–361.
Pelton, W. R., Slater, K.: Ein Vergleich der Längenvariationskurven, die nach verschiedenen Methoden bestimmt waren. J. Textile Inst. **64** (1973) 8, S. 454–460.
Krzemińska-Freda, A.: Prüfung der Gebrauchseigenschaften von Schutzkleidung. Przegl. włókienn. (Textil-Rdsch.) **27** (1973) 6, S. 330–333.
Hoffmann, D.: Die Bestimmung des Variationskoeffizienten durch ein elektronisches Instrument. J. Textile Inst. **64** (1973) 7, S. 426–430.
Blum, R., Losch, M., Luz, E.: Bestimmung der elastischen Stoffkenngrößen einer Gewebefolie. Materialprüfung **15** (1973) 8, S. 278–280.
Porter, B. R.: Messen der Dickenänderung komprimierter Baumwollproben während der Quellung. Textile Res. J. **43** (1973) 7, S. 382–384.
Freeston, W., Denny, jr., Claus, W. D.: Dehnungswellen-Reflexionen während des ballistischen Schlages an Gewebestreifen. Textile Res. J. **43** (1973) 6, S. 348–351.
Iliescu, E., Zeidman, R.: Die Einwirkung alkalischer und saurer Behandlungsbäder auf die natürlichen Inkrustationen der Cellulose. Ind. textilă, Bucureşti **24** (1973) 8, S. 465–468 (mit dt., engl., franz. u. russ. Zusammenfass.)
Ripp, N. E., Frolov, V. I., Barabanov, V. N.: Verfahren zur Fehlerbestimmung beim Zugversuch an Hochmodulfäden. Zavodsk. Labor., Moskva (Betriebslabor) **39** (1973) 7, S. 864–865.

Standardisierung. Terminologie

Haida, A.: Grundsatzfragen zum RGW-Standard. Standardisierung u. Qualität **19** (1973) 8, S. 337–339.
Krejči, M.: Beitrag zur Terminologie in der Vorbereitung und Verarbeitung von Textilien, die aus Polymerfolien gewonnen wurden. Textil, Praha **28** (1973) 5, S. 184–186.

VII. Betriebstechnik. Ökonomie. Tagungsberichte und dgl.. Sonderfragen

Babus, D.: Automatisches Datenverarbeitungssystem zur Lenkung der Produktion. Ind. textilă, Bucuresti **24** (1973) 8, S. 457–464 (mit dt. engl., franz. u. russ. Zusammenfass.)

Betriebstechnik

Losev, V. B., Uvapov, E. V., Kopylov, V. A.: Folien zum Schutz von Gläsern gegen Fluorwasserstoff. Plast. Massy, Moskva (Plast. Massen) (1973) 8, S. 64.
de Rooy, M. W.: Anwendung von modernen Transportmitteln in der Textilindustrie. Tex/Textilis, Gent (1973) 9, S. 38–44, 46–47.
Jönsson, M., Funke, J.: Arbeitshygienische Probleme in Wäschereien. Textilreinigung **20** (1973) 9, S. 259–263.
Landwehrkamp, H.: Lärmverminderung durch veränderte Technologien. Melliand Textilber. internat. 54 (1973) 8, S. 797–801.
Zak, S. L.: Zum Unschädlichmachen der Schwefelkohlenstoff und Schwefelwasserstoff enthaltenen Abluft in Viskosefaserbetrieben. Chim. Volokna (Chem. Fasern) (1973) 4, S. 14–16.
Selin, A. N., Serkov, A. T., Čechov, O. S.: Hauptgesetzmäßigkeiten der Desorption von Schwefelkohlenstoff und Schwefelwasserstoff aus dem Fällbad in Zerstäubungsanlagen. Chim. Volokna (Chem. Fasern) (1973) 4, S. 37–39.
Palettenlager helfen Kosten sparen. Textilbetrieb **91** (1973) 6, S. 36–37.
Mal'kov, V. A., Boldušaevskaja, R. A., Lubin, G. I.: Inbetriebnahme und Anlauf halbtechnischer Reinigungsanlagen im Chemiefaserwerk Krasnojarsk. Chim. Volokna (Chem. Fasern) (1973) 4, S. 34–37.
Loy, W.: Aktuelle Möglichkeiten der Abwasserreinigung in der Textilindustrie. Textil-Praxis internat. **28** (1973) 6, S. 328–330.
Krajzman, M. A., Ejfer, I. Z., Šimko, I. G.: Komplexes Verfahren zur Abwasserreinigung in der Viskoseproduktion. Chim. Volokna (Chem. Fasern) (1973) 4, S. 16–19.
Tyczkowski, A., Grzelakowska, A., Durys, M.: Forschungen über die Reinigung von Abwässern von bei der Adsorption von Lösemitteln arbeitenden Waschmaschinen. Przegl. włókienn. (Textil-Rdsch.) **27** (1973) 6, S. 338 bis 341.
Dittrich, V.: Verfahren zur Abwasserbehandlung und Wiederverwendung im Betrieb. Melliand Textilber. internat. **54** (1973) 8, S. 853–856.
Radnóti, K.: Die Messung der Ausnutzung industrieller Nähmaschinen mittels Leistungsmesser. Magyar Textiltechn. **25** (1973) 7, S. 354–355.

Ökonomie

Levy, I.: Industrieller Aufschwung bedeutet den Kunden zufriedenstellen. Textile Inst. Ind. **11** (1973) 8, S. 216–217.
Die Märkte für texturierte Garne in der EWG. Chemiefasern/Textil-Ind. **23/75** (1973) 8, S. 679.
Stefănescu, St.: Die fortwährende Entwicklung des technischen Fortschritts – ein wichtiger Faktor bei der Erhöhung der Arbeitsproduktivität in den Betrieben der Textil- und Konfektionsindustrie. Ind. textilă, Bucureşti **24** (1973) 6, S. 329–330.
Siman, M.: Die Rolle der Textil- und Textilbekleidungsindustrie in der Wirtschaftsentwicklung Ungarns. Magyar Textiltechn. **26** (1973) 8, S. 389–393.
Bercsényi, L. G.: Über die Entwicklung der ungarischen Baumwollwarenveredlung. Magyar Textiltechn. **26** (1973) 8, S. 406–409.

Sonderfragen

Kirschke, K.: Aufgabe und Anwendung einer Dokumentation, dargestellt am Beispiel der Rheologie. Materialprüfung **15** (1973) 8, S. 281–283.
Karadački, I.: Probleme der Forschung und Projektierung in der Textil- und Konfektionsindustrie. Tekstil. Prom., Sofija (Textil-Ind.) **22** (1973) 4, S. 159–161.
Brzeziński, St.: Die Hauptaufgaben und Tätigkeitsrichtungen der wissenschaftlichen Forschungsstelle der Seiden- und Dekoindustrie. Przegl. włókienn. (Textil-Rdsch.) **21** (1973) 6, S. 346–349.
Tordoff, M.: Nutzung von Forschunssergebnissen. Textile Res. J. **43** (1973) 6, S. 367–369.
Koczy, L.: Ein kurzer Überblick über unsere Fachschulung in der Ober- und Mittelstufe. Magyar Textiltechn. **26** (1973) 8, S. 433–436.
Kaesler, K. P.: Per, Tri und Alkohol: Gefahr! Chemischreiniger/Wäscher/Färber-Ztg. **72** (1973) 5, S. 214.
Ein neuer Feuerschutzanzug. Bekleidungsmedizin **13** (1973) 2, S. 10–11.

FSC
www.fsc.org
MIX
Papier | Fördert gute Waldnutzung
FSC® C083411

Zeitfracht Medien GmbH
Ferdinand-Jühlke-Straße 7
99095 Erfurt, Deutschland
produktsicherheit@kolibri360.de